1782
PEORIA, ILL.

HART
PARR
CHARLES CITY IOWA U.S.A

JOHN DEERE

DIESEL

FORD
FORD 4000

HORS SERVICE
CASE

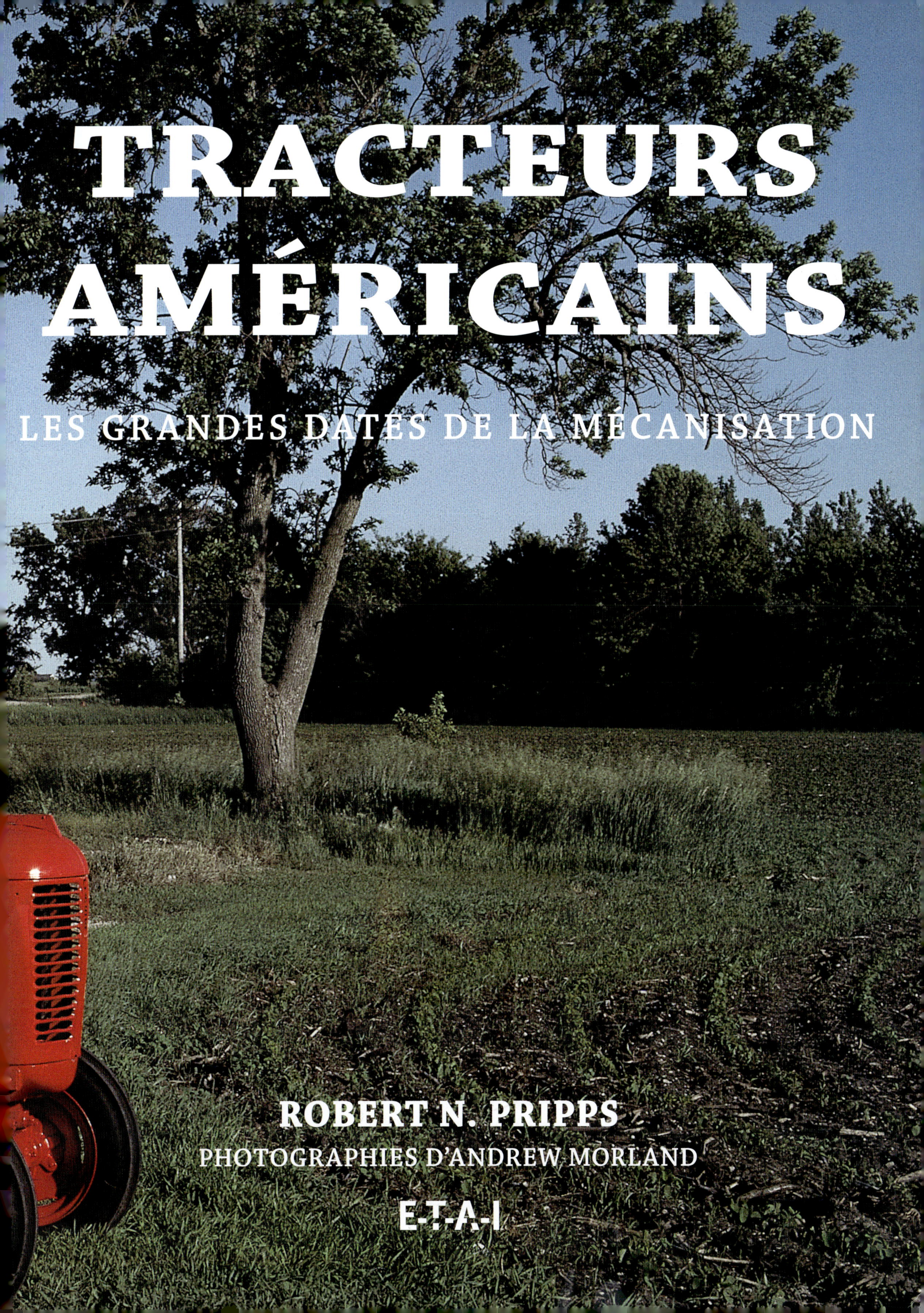

TRACTEURS AMÉRICAINS

LES GRANDES DATES DE LA MÉCANISATION

ROBERT N. PRIPPS

PHOTOGRAPHIES D'ANDREW MORLAND

E-T-A-I

E-T-A-I
Antony Parc 2
10, place du Général de Gaulle
92160 Antony – France
Standard : + 33 (0)1 77 92 92 92
Contact Éditions : + 33 (0)1 46 99 31 56
Télécopie : + 33 (0)1 46 99 31 55
www.infopro.fr
www.librairie-passionautomobile.com

Traduction et adaptation française : Christian Descombes
Adaptation mise en page française : Amélie Mondésir
Suivi éditorial : Émily Cameleyre

Dépôt légal octobre 2012
Imprimé en Chine
ISBN : 978-2-7268-9621-1

Éditeur : Michael Dregni
Création : Andrea Rud
Couverture : Simon Larkin

Remerciements

Comme on peut s'y attendre, j'ai reçu beaucoup d'aide dans la réalisation de ce livre. Tout d'abord, je dois remercier Michael Dregni, *Editorial Director* de Voyageur Press, car c'est lui qui eut l'idée de réaliser un tel ouvrage. Qu'il soit remercié avec toute son équipe, pour avoir donné à ce livre son aspect et son attrait. Grand merci à eux.

Il s'agit avant tout d'un livre illustré. Merci donc à Andrew Morland, pour ses magnifiques photographies.

Il y eut aussi beaucoup de gens pour pousser, laver, démarrer, déplacer et batailler avec toutes ces antiquités pour qu'Andrew Morland puisse réaliser les clichés qui illustrent ces pages. Ils nous ont aussi fourni des indications et des détails historiques. Je ne les citerai pas ici, de peur d'en oublier.

Je vais toutefois en lister quelques-uns qui se sont distingués en dépassant largement ce que nous attendions d'eux pour nous aider, nous nourrissant à l'occasion, et prenant du temps sur leurs occupations ou leur travail. Les Abraham, du Heritage Hall Museum, Owatonna, dans le Minnesota ; Tom Armstrong, de N-Complete remanufactured Ford Tractors ; Glen Braun ; Keith Bruder ; Alan Buckert ; Gary Burkey ; Karen Chabal ; Ed Claessen ; Milan Duchaj ; La Grande Fête de la vapeur du Dorset (*Great Dorset Steam Fair*), dans le Dorset, en Angleterre ; Carl Halverson ; la famille Rich Holicky ; Bill Karl ; Ken Kass ; la famille Walter Kellor ; Larry et Ryan Maasdam ; Les Vieux Moissonneurs du Middle West (*Midwest Old Threshers*) ; Lennis Moore ; la famille Eldon Oleson ; Ken et Dan Peterman ; David Preuhs ; Gary et Marlin Spitznogel ; Frank Sticha ; Mike Thorne ; Wayne Timm ; Steve Tolander ; Billie Turley ; et la famille Vouk. Mes remerciements à tous.

Robert N. Pripps
Springstead, Wisconsin

Huber 25/50, 1927

Avec ses 4,5 tonnes, le 25/50 était, à tout point de vue, un gros tracteur. Il fut fabriqué par la société Huber Manufacturing Company, de Marion, dans l'Ohio, de 1927 à 1941. Après avoir été testés à l'université du Nebraska en 1927, les modèles de série suivants furent rebaptisés 40/62. Le tracteur était équipé d'un quatre-cylindres Sterns et d'une transmission à deux rapports. Propriété de la famille Timm.

Sommaire

Minneapolis 45 , 1907.

Holt 10-Ton, 1919.

Wallis Model K, 1919.

Minneapolis 27/42, 1929.

Minneapolis-Moline UDLX, 1938.

Case-IH Steiger 9330, 1999.

HAESE MEMORIAL VILLAGE
8784N

Introduction

"Beaucoup le parcourront et la connaissance grandira."
(Daniel 12, 4)

Trois semaines durant, en juin 1999, nous avons parcouru le Middle West, afin de récolter images et anecdotes pour *Le Grand Livre des tracteurs agricoles.* Nous avons soigneusement évité les autoroutes pour choisir de préférence les petites routes de campagne, celles en bleu sur notre carte. De la même manière, ce livre n'est pas l'habituel ouvrage historique avec un chapitre par marque, mais plutôt une balade à travers l'histoire de la mécanisation de l'agriculture depuis ses origines, par les chemins de traverse.

Le voyage commence par des machines à vapeur antérieures à la guerre de Sécession. On passe ensuite par les balbutiements du moteur thermique et par les deux guerres mondiales et la crise économique, pour arriver à l'ère du diesel.

Il y a des vallées et des collines, des hauts et des bas dans l'industrie. On verra disparaître de grands noms tout au long du chemin, mais aussi la persévérance et l'ingéniosité de certains, largement récompensés.

C'est une histoire peinte à grands coups de pinceau. C'était en tout cas notre objectif, en contant l'histoire de ces machines, afin de mieux comprendre comment elles se sont intégrées dans la vie de la ferme et ont influencé son évolution au cours des cent cinquante dernières années. Ce sont des histoires d'hommes, celles des fermiers, mais aussi celles des industriels qui ont conçu leurs tracteurs. Des encadrés, des notes et des tableaux permettront aux lecteurs de situer ces histoires dans le contexte de leur époque.

L'agriculture n'a pas beaucoup évolué, de ses origines jusqu'au début du XIXe siècle. Puis tout s'est accéléré. Les lecteurs qui sont – ou ont été – agriculteurs se reconnaîtront probablement dans les pages qui suivent. Nous espérons que ceux d'entre vous qui sont étrangers au monde agricole y trouveront un regard nouveau sur les évolutions qui ont secoué l'agriculture au fil des ans. Dans les deux cas, nous espérons que vous trouverez du plaisir à ce voyage à travers la mécanisation du monde rural.

Robert N. Pripps
Andrew Morland

Caterpillar Diesel 40, 1934
Le Diesel 40 était une évolution du Diesel 35, commercialisé en 1933 et 1934. Testé par l'université du Nebraska en 1935, le Diesel 40 accusait 7 039 kg sur la balance. Propriétaire, Alan Smith.

Minneapolis-Moline UDLX, 1938
Seulement cent cinquante de ces tracteurs à la carrosserie spectaculaire mais peu pratique – les modèles U-Deluxe – furent produits par la Minneapolis-Moline Company, de Minneapolis, entre 1938 et 1941. Ils font aujourd'hui partie des tracteurs les plus prisés

Prologue

"Tout a commencé par un beau jour d'été de 1831, près de Steel's Tavern, en Virginie. La sérénité de la campagne allait être bouleversée par une démonstration publique qui devait marquer un tournant dans l'histoire du monde agricole. La foule de curieux et d'incrédules n'en croyait pas ses yeux en voyant tomber régulièrement le blé coupé sur la plate-forme de la nouvelle machine de Cyrus H. McCormick. Le bruit des engrenages des moissonneuses allait bientôt devenir familier dans tous les champs de céréales."
Marvin McKinley,
Les Roues du progrès à la ferme, 1980

Cyrus Hall McCormick n'avait aucune idée des bouleversements qu'il était en train de déchaîner en ce jour d'été 1831, pour lui et pour le monde agricole en général. Il ne voyait sa moissonneuse que comme un éventuel soulagement dans les travaux des champs pour lui et sa famille.

Avant la moissonneuse de McCormick, la faux était le seul outil pour couper les céréales. Manier la faux était un dur travail qui réclamait une grande habileté, et deux hectares par jour et par faucheur étaient la moyenne admise. Le faucheur était un travailleur spécialisé, payé jusqu'à trois fois plus cher qu'un autre journalier. Avec la machine de McCormick, un homme et un cheval pouvaient faucher quatre hectares par jour, bien qu'il faille toujours y ajouter la main-d'œuvre pour râteler, mettre en andains, lier les gerbes et les mettre en meule.

Il fallut attendre qu'Obed Hussey de Baltimore, dans le Maryland, dépose le brevet d'une moissonneuse de son invention, en 1833, pour que McCormick se rende compte de l'importance de sa propre invention et dépose à son tour un brevet. Faisant valoir son antériorité, McCormick poursuivit Hussey devant les tribunaux américains. La moissonneuse de McCormick fut la première d'une série de révolutions mécaniques du XIXe siècle qui ouvrirent la voie au tracteur, invention qui allait à son tour bouleverser, non seulement l'agriculture, mais, d'une façon plus générale, notre culture.

Publicité pour les batteuses et trépigneuses Fearless, années 1860
À travers tous les États-Unis, de petites firmes se mirent à construire des batteuses, comme la batteuse Fearless ("sans peur") fabriquée par les usines Empire Agricultural, de Cobleskill dans l'État de New York. Avant que la vapeur ne devienne universelle, l'énergie était fournie par des chevaux, pas vapeur, mais bien réels. La puissance de la Fearless venait d'une trépigneuse à deux chevaux, via *une courroie.*

L'incroyable noueuse automatique de John F. Appleby de 1875 fut une révolution dans la récolte des céréales lorsqu'elle fut utilisée comme lieuse, permettant d'économiser des milliers d'heures de main-d'œuvre pour la moisson. La lieuse coupait, rassemblait et nouait les tiges en gerbes avec ce qu'on appelle encore aujourd'hui de la ficelle de lieuse. Les gerbes, ou moyettes, déposées dans le champ étaient prêtes à être ramassées pour former les meules. C'était la première machine sophistiquée que devait apprendre à maîtriser le paysan, sous peine de disparaître !

L'accroissement spectaculaire du nombre d'hectares moissonnés quotidiennement, grâce aux inventions de McCormick et Appleby, amena une autre invention de taille, la batteuse. Jusque-là, le grain était séparé de la tige à l'aide d'un fléau, un travail d'adresse similaire à celui de la faux. Un bon ouvrier ne pouvait battre que sept boisseaux (environ un quart de mètre cube) en une longue journée. Le battage devait donc s'aligner sur les quantités désormais moissonnées en une journée grâce à la lieuse. La batteuse Groundhog de Jacob Pope fut la première à apparaître en Amérique, en 1802. Inventée avant la moissonneuse, sa raison d'être n'était pas d'accélérer le processus mais d'en

Démonstration de la moissonneuse de McCormick, 1831

On soulevait son chapeau pour saluer l'exploit de la moissonneuse de Cyrus Hall McCormick en ce beau jour d'été de 1831. La moissonneuse McCormick fut la première pierre de ce qui allait devenir l'International Harvester Company, l'immense empire industriel de Chicago.

améliorer la qualité par rapport au fléau. Toujours est-il que la batteuse à manivelle Groundhog comportait déjà tous les éléments pour des machines au rendement bien supérieur.

Mais la machine de Pope ne faisait que décortiquer les grains. En 1837, Hiram A. Pitts dévoila sa Buffalo Pitts, qui battait et nettoyait, grâce à un ventilateur qui évacuait la balle et à un convoyeur qui emmenait la paille. Elle réclamait cependant plus d'énergie pour faire son travail. On associait donc une trépigneuse à un, deux ou trois chevaux, pour entraîner la machine. Quand la demande en énergie augmenta, des manèges, forts de parfois dix-huit chevaux, permettaient d'entraîner la batteuse. Avec de tels ensembles, on atteignait des rendements de cinquante à soixante boisseaux. Lorsque la guerre de Sécession éclata, en 1861, les batteuses étaient des machines fiables. Fabriquées en bois, elles exigeaient une grande précision de construction. Il leur manquait encore les avaloirs et les monte-gerbes qui allaient arriver dans la deuxième moitié du XIXe siècle et une énergie constante et sans faiblesse. Plus on aurait de puissance, plus on pourrait agrandir les mécanismes.

C'est à ce moment que les machines à vapeur firent leur apparition dans les fermes d'Amérique du Nord.

Publicité pour la lieuse Mc Cormick, années 1880

L'ajout du mécanisme de nouage à deux brins de John F. Appleby révolutionna le processus de la moisson du blé et autres céréales, en réduisant la main-d'œuvre nécessaire de façon considérable.

NICHOLS & SHEPARD Co
BATTLE CREEK, MICH.

CHAPITRE 1

L'ère de la vapeur (1855-1920)

"Je pressens le succès de la vapeur dans les travaux de la ferme."
(Discours d'Abraham Lincoln à la Foire d'État du Wisconsin, 1859)

Nichols & Sheppard 20/70, années 1900
À plein régime, la courroie de cette machine à vapeur Sheppard & Nichols 20/70 chuinte, tandis que la vapeur obscurcit le ciel. Connues sous le nom de gamme "Red River", les machines à vapeur et batteuses Sheppard & Nichols étaient construites à Battle Creek, dans le Michigan.

Logotype Keck-Gonnerman
Appliqué sur une machine à vapeur, cet écusson Keck-Gonnerman était la marque d'un entrepreneur de battage prospère. Keck-Gonnerman de Mount Vernon dans l'Indiana avait commencé son activité en 1873 avec des chaudières, des batteuses et des scies à ruban. La firme passa aux tracteurs à pétrole en 1917 et disparut au lendemain de la première guerre.

L'évolution des machines à vapeur

Locomobile Stillwater, années 1880

Dans les premiers temps de la vapeur, les machines étaient essentiellement destinées à entraîner les batteuses, d'où leur nom de "machine à battre" (en France, la machine à battre désigne la batteuse elle-même) . Les premières étaient des locomobiles, des machines stationnaires sur roues, que l'on déplaçait d'un point à un autre avec des chevaux. Cette Stillwater ultérieure est autonome avec une direction par chaîne aux roues avant. Elle était construite par la vénérable société Northwest Thresher Company, de Stillwater, dans le Minnesota.

Si l'on fait bouillir de l'eau dans un récipient fermé hermétiquement, on obtient de la vapeur sous pression. En laissant échapper cette vapeur à travers des pistons et des cylindres, des turbines ou des tuyères, on obtient une énergie qui peut être utilisée pour effectuer un travail. Héron d'Alexandrie, qui vécut en Égypte au Ier siècle après Jésus-Christ, fut le premier à reconnaître la faculté qu'a l'air chaud de produire de l'énergie. Sa "machine à air" utilisait la pression, générée en chauffant de l'air enfermé dans un récipient hermétique, pour faire circuler de l'eau d'une cruche à une autre. La deuxième cruche, alourdie par l'eau de la première, ouvrait les portes d'un temple par un système de cordes et de poulies. Quand le feu s'éteignait, l'eau était aspirée de la deuxième cruche dans la première et un contrepoids refermait les portes. Le feu qui actionnait les portes était bien sûr situé sur l'autel.

L'éolipyle, autre invention d'Héron qui utilisait la vapeur, fut le premier engin à réaction. Cette machine n'effectuait aucun travail, c'était un simple objet de démonstration. De la vapeur était introduite dans une sphère par des supports creux. Cette vapeur s'échappait de la sphère par deux tubes courbés en sens inverse de chaque côté de la sphère. La réaction à la force générée par la sortie de la vapeur faisait tourner la sphère.

Dans les années qui suivirent, on essaya de maîtriser la puissance de la vapeur au moyen d'un piston enfermé dans un cylindre. La vapeur à basse pression était la seule qu'on puisse utiliser, les moyens de l'époque ne permettant pas de maîtriser de fortes pressions. Une pression supérieure de seulement une livre par pouce carré (psi) à la pression atmosphérique était utilisée pour actionner la pompe à vapeur mise en service dans une mine par l'Anglais Thomas Newcomen en 1712. La machine était constituée d'un piston enfermé dans un cylindre vertical en laiton, ouvert en haut. De la vapeur était introduite dans le bas du cylindre qui était ensuite refroidi en envoyant de l'eau froide. La vapeur se condensait aussitôt, occupant moins d'espace dans le cylindre et créant ainsi un vide sous le piston qui était aspiré vers le bas par la poussée de la pression atmosphérique exercée par le haut du cylindre, ouvert. Le piston était relié à un balancier qui actionnait une pompe à l'autre extrémité. Dès que la pression diminuait, le poids du mécanisme de la pompe entraînait le balancier vers le bas et, à l'autre extrémité, le piston remontait dans le cylindre, prêt pour un nouveau cycle. La machine, équipée d'un contrôle automatique par soupape, faisait huit à dix tours par minute.

L'inventeur écossais James Watt améliora le principe de base de la machine de Newcomen. Brevetée en 1769, sa machine utilisait une chambre de condensation séparée dans laquelle la vapeur était condensée et retournait à l'état liquide. Plutôt que d'envoyer de l'eau froide dans le cylindre, le refroidissement se faisait dans cette chambre séparée, économisant ainsi trois quarts de l'énergie nécessaire. Watt imagina également le premier vilebrequin et le premier volant d'inertie, ce qui permettait au piston, dont le mouvement est linéaire, de produire un mouvement circulaire constant. L'apport de Watt comprenait également la commande par soupapes, le piston à double action, le contrôle d'accélération et le régulateur. Il est généralement considéré comme l'inventeur de la machine à vapeur, car c'est l'ensemble de ces éléments qui la rendent utilisable.

Chronologie

1850 : la Californie devient un État

1851 : la machine à coudre est simultanément inventée par Singer, Howe et Hunt

1852 : vol du premier ballon dirigeable par le Français Henri Giffard

1861 : Abraham Lincoln, président des États-Unis

1861-1865 : guerre de Sécession

1862 : la loi du Homestead Act accorde soixante-cinq hectares aux colons qui s'installent à l'Ouest

1863 : discours de Lincoln après la bataille de Gettysburg

1876 : Alexander Graham Bell invente le téléphone

1877 : Thomas Alva Edison invente le phonographe

1879 : Edison invente l'ampoule à incandescence

1903 : création de la Ford Motor Company

1914 : déclaration de la Première Guerre mondiale

1917 : la Russie devient communiste

1920 : les femmes américaines obtiennent le droit de vote

Alors que la machine Watt utilisait la vapeur ou le volant d'inertie pour ramener le piston en position pour le prochain tour, c'est toujours la force exercée par la pression atmosphérique qui repoussait le piston dans le vide créé par la condensation de la vapeur. Des engins équipés de pistons de 1,90 mètre d'alésage étaient choses courantes. Par la suite, Watt utilisa la pression de la vapeur, à peine supérieure à la pression atmosphérique, pour la course du piston. La métallurgie du milieu du XVIIIe siècle ne permettait pas d'envisager la construction de pistons capables de supporter des pressions supérieures, sans danger. En 1762, John Wilkinson, un pionnier de la fonderie, inventa une fraiseuse capable de réaliser le piston dont Watt rêvait. Watt affirmait que les cylindres de Wilkinson présentaient une différence avec un cercle parfait de seulement 9,375 millimètres.

En 1784, William Murdock, l'associé de Watt, créa une locomotive sur rails, primitive, qui utilisait le principe de Watt ; mais il fallut attendre 1804 pour que l'Anglais Richard Trevithick réalise la première vraie locomotive. Il fut le premier à faire usage de la vapeur sous haute pression d'environ deux fois la pression atmosphérique. L'inventeur américain Oliver Evans collabora aux expériences de Trevithick réalisant une machine sous 200 psi. La machine de Trevithick reposait sur quatre roues lisses roulant sur des rails également lisses, prouvant que cela générait une motricité suffisante. Le fait que la vapeur d'échappement ne soit pas condensée, mais évacuée par une cheminée, générant un apport d'air forcé dans la chaudière, était l'un des principes de base de la machine de Trevithick. C'est ce principe, utilisé depuis dans tous les engins à vapeur, qui produit le fameux "tchou-tchou" caractéristique des locomotives.

Le chemin de fer connut une véritable explosion au milieu du XIXe siècle. Le tout nouvel attelage automatique Janney, associé aux freins à air comprimé Westinghouse, permettait de freiner des ensembles composés de multiples wagons. En 1848, on comptait neuf mille six cents kilomètres de voies ferrées aux États-Unis, auxquels venaient s'ajouter trois mille deux cents kilomètres supplémentaires chaque année. Les machines à vapeur agricoles virent le jour à la suite des progrès réalisés sur les locomotives ferroviaires. Avec l'accroissement de la taille des batteuses, la force hippique montrait ses limites. Ce furent donc les fabricants de batteuses qui commencèrent à concevoir des machines à vapeur mobiles pour l'agriculture : A. M. Archambault & Company, de Philadelphie, en 1849 ; Hoard & Bradford, de Watertown, dans l'État de New York, en 1850 ; Gaar, Scott & Company, de Richmond,

Reeves Canadian
Special 32/120, 1912

La compagnie Reeves fut fondée à Columbus, dans l'Indiana, en 1874. Elle fut rachetée par Emerson-Brantingham Implement Company en 1912 et délocalisée à Rockford, dans l'Illinois, peu après. L'usine Reeves de Columbus devait plus tard devenir le site de production des moteurs Cummins.

Tracteur à vapeur Russel,
années 1890

L'équipe de battage pose fièrement avec son tracteur à vapeur et sa batteuse Russell, avant une journée de travail dans le comté de Modoc, en Californie. Le Russell était construit par Russell & Company, basé à Massillon, dans l'Ohio.

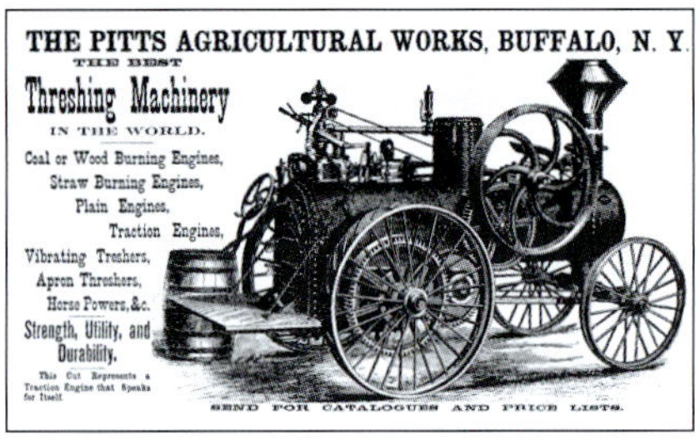

Publicité pour le tracteur à vapeur Pitts, années 1890
La société Pitts Agricultural Works de Buffalo, dans l'État de New York, offrait une large gamme d'engins à vapeurs qui pouvaient être alimentés par bois, charbon ou paille.

dans l'Indiana, en 1852 ; M. Rumely de La Porte, dans l'Indiana, en 1863 ; et J. I. Case Threshing Machine Company, de Racine, dans le Wisconsin, en 1869. La plupart de ces sociétés construisaient des batteuses utilisant le brevet de Pitts ou des systèmes de leur propre invention.

En Californie, la Daniel Best Agricultural Works, de San Leandro, construisait une moissonneuse-batteuse tractée avec un système d'entraînement du mécanisme par les roues qui ne nécessitait pas moins de quarante chevaux. Le moindre incident pouvait entraîner cette ménagerie dans un mouvement de panique incontrôlable. Le système d'entraînement aurait alors entièrement détruit les mécanismes intérieurs.

Best vendit son premier tracteur à vapeur en 1889. Il fut suivi – au sens propre du terme – par une moissonneuse-batteuse à vapeur, la même année. La vapeur du tracteur était aspirée par un système de tuyaux sous pression pour entraîner le mécanisme de la moissonneuse.

La surface moyenne des fermes dans les années 1800 était bien inférieure à ce que l'on considère aujourd'hui comme normal. Certaines familles vivaient sur à peine plus de quatre hectares. À l'époque, la culture était essentiellement une activité de subsistance. Aux côtés de produits comme le blé, le maïs, la pomme de terre et le foin, on élevait des moutons pour la viande et la laine, des vaches pour les produits laitiers et la viande, et de la volaille pour les œufs et la viande. La plupart des fermes avaient un verger et un potager. Dans le nord, les érables fournissaient du sucre et du sirop. La chasse, la pêche et le piégeage fournissaient peaux et nourriture. Les femmes faisaient des conserves, filaient la laine, cousaient, cuisinaient, faisaient du beurre et fabriquaient savons et bougies. L'excédent était vendu pour acheter le peu qui n'était pas produit à la ferme. Bien évidemment, aucun fermier n'était prêt à débourser plusieurs milliers de dollars dans une machine qui ne servait que le temps des moissons. Et si elle tombait en panne, comment la ferait-on fonctionner ?

Minneapolis 45, 1907
Deux photos de gauche : La Minneapolis Threshing Machine Company, de Minneapolis, construisit des machines à vapeur de 1890 à 1924 ; monocylindres, de type Compound Tandem, simple ou double. Cette Compound Tandem simple de 45 ch ne fut construite qu'à sept exemplaires, en 1907. La vapeur décompressait du petit cylindre haute pression de 25,6 cm, dans le grand cylindre basse pression de 37,5 cm. La course était de 30 cm. Propriétaire, Norman Pross.

Case

J. I. Case Threshing Machine Company, de Racine, dans le Wisconsin

La firme créée par Jerome Increase Case construisit plusieurs des machines les plus remarquables de l'ère de la vapeur. Case avait fait des expériences avec la vapeur dès le début des années 1860, juste après la présentation de sa moissonneuse géante. Elle utilisait l'énergie d'attelages comportant jusqu'à dix-huit chevaux. C'est à cette époque que Case commença à utiliser la vapeur pour faire tourner les bancs de ses usines. Le premier engin à vapeur Case, surnommé "Old Number One" (le vieux numéro un), fit ses débuts en 1869. Il n'était pas autonome et devait être déplacé par un attelage. Il fournissait 8 ch "vapeur".

Entre 1869 et 1880 de nombreux essais de direction et d'autopropulsion furent menés sur des engins à vapeur. C. et G. Cooper, de Mount Vernon, dans l'Ohio, inventèrent un système d'entraînement par pignons qui pouvait se monter sur n'importe quelle machine pour en faire un engin autonome. La direction devait néanmoins encore être assurée par un attelage.

Case adopta la propulsion sur ses machines à vapeur en 1878, tout en conservant la direction par un attelage. La transmission adoptée par Case utilisait un différentiel autobloquant à cliquet. Un moteur de 10 ch fut ajouté au catalogue cette même année avec le même type de transmission.

En 1880, Jesse Walrath devint directeur de Case. À l'époque, la fonction impliquait des responsabilités d'innovation et de création. Dans les quinze ans qui suivirent, Walrath fut à l'origine de considérables évolutions des produits Case, notamment du meilleur système de direction de toute l'industrie, d'un différentiel à pignons parallèles et d'un embrayage à friction. Sous son impulsion, les modèles passèrent au fil des années du vilebrequin latéral au vilebrequin central, du flux direct au flux inversé et de la transmission par chaîne à la transmission par pignons.

Tracteur à vapeur Case et charrue, années 1900

L'équipage de ce tracteur à vapeur Case fait une pause pendant un labour de défonçage de grande profondeur dans la prairie.

En 1887, Walrath dessina un double cylindre entièrement caréné avec soupape à culbuteur. Ce type de cylindre fut tout simplement baptisé "Walrath". L'utilisation du Walrath réduisait le poids d'une machine de 12 ch d'environ 1 350 kg.

George Morris succéda à Walrath en 1897, lorsque ce dernier démissionna. Morris apporta également de nombreuses améliorations aux machines au fil des ans. Il est surtout connu pour avoir installé des ressorts, entre la chaudière et les roues, qui permettaient de construire des chaudières plus légères, celles-ci étant désormais ainsi isolées des contraintes et des chocs pendant les voyages. Ce progrès dûment patenté permettait également de garder les pignons de transmission parfaitement alignés pendant que l'axe oscillait sous l'effet des ressorts. Dès 1900, Case surpassait tous ses concurrents en termes de ventes.

L'expérience aidant et la technique mûrissant, Case s'essaya à des machines de plus grand gabarit. En 1904, Case proposait une machine gigantesque de 150 ch pesant 18 tonnes, apparemment trop grosse pour être utilisée dans les champs. Quelques-unes furent construites dans les années qui suivirent pour un usage routier, avant d'être abandonnées. Plus approprié, le fameux Case 110 fut probablement le tracteur à vapeur le plus populaire de son époque. Il engrangea plus de médailles d'or que tous les compétiteurs à la foire de Winnipeg, dans le Manitoba, au Canada.

En 1912, la production de tracteurs à vapeur Case culminait à 2 250 unités. Puis, la production diminua plus vite qu'elle n'avait augmenté. En 1915, elle était retombée à 950 machines et en 1920, il n'en fut construit que 346. La production cessa en 1926 après cinquante-sept ans. Étonnamment, la dernière machine à vapeur construite fut une locomobile, comme Old Number One.

Publicité Case, années 1890

"Il n'y en a pas d'autre", clame cette publicité pour le nouveau tracteur suspendu sur ressorts de Case.

Publicité pour les tracteurs à vapeur Case, années 1890

À droite : Une publicité en couleurs des tracteurs à vapeur Case "pour les fermiers, les entreprises et les municipalités".

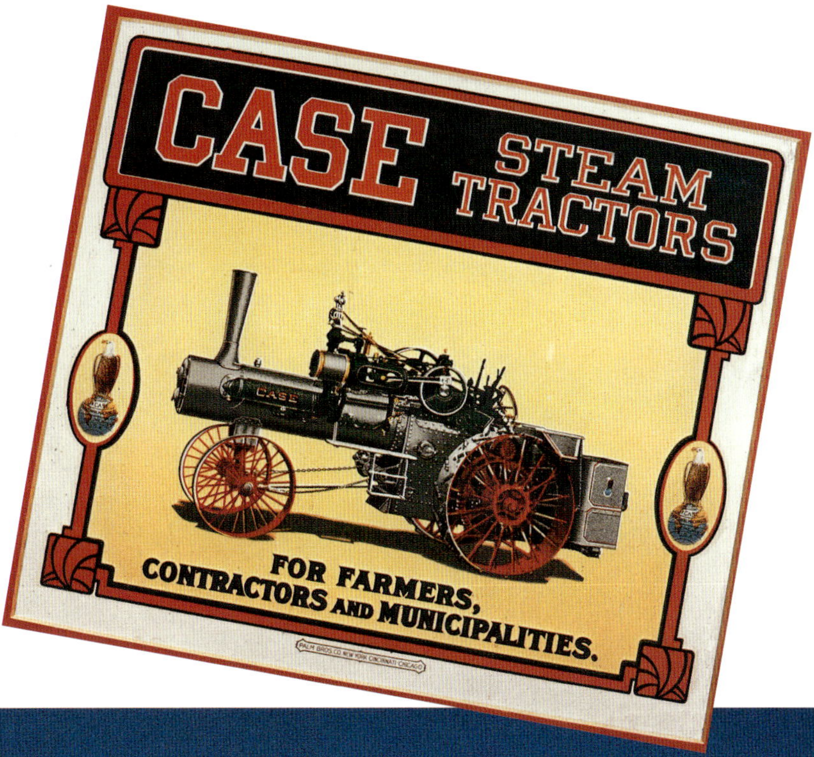

Case 110, 1913

Ci-dessous : Un tracteur à vapeur Case 110 expulse un lourd panache de fumée, tandis qu'il tire un attelage de douze charrues au cours d'une récente manifestation. Le 110 était équipé d'un monocylindre de 300 x 300 mm. Il pesait 16,2 tonnes avec sa cabine style locomotive. Propriétaire, Jim Briden et Norman Pross.

Tracteur à vapeur Case, 1941

En haut : De nombreux tracteurs à vapeur Case continuaient d'assumer leur tâche des décennies après l'arrêt de la production. Celui-ci était encore plein d'ardeur à Montgomery, dans le Minnesota, en 1941.

Case 80, 1913

En bas : Ce Case de 80 ch utilisait un monocylindre de 275 x 275 mm et jusqu'à 150 psi de pression.

Case 80, 1917

La famille Vouk de Saint Stephen dans le Minnesota a acheté ce tracteur à vapeur Case de 1917, neuf. C'est le grand-père, Frank Vouk, qui s'en était rendu acquéreur alors qu'il n'avait que 19 ans. Il vendait des chevaux, faisait fonctionner une scierie, organisait des battages à la demande et fit bon usage de sa machine à l'époque.

Logotype Case 110, 1913

Case utilisait ce logotype sur ses machines à vapeur en 1913. On y voyait l'usine Case de Racine River à Racine, dans le Wisconsin. De chaque côté de l'écusson, on voit des "Old Abe" perchés sur un globe qui symbolisent l'expansion internationale de Case à l'époque.

Publicité du tracteur à vapeur Best, années 1890
"Une révolution dans le labourage", promet cette publicité. Surnommant ses machines à vapeur "Reines des champs", Daniel Best affirmait qu'elles pouvaient faire le travail de cent chevaux.

Tracteur à vapeur Holt, années 1900
Une machine à vapeur Holt tire un train de fardiers chargés de planches fraîchement débitées dans une scierie sur la côte nord-ouest du Pacifique. Ben Holt et sa Holt Manufacturing Company, de Stockton, en Californie, suivirent les traces de leur grand rival Daniel Best en construisant des tracteurs à vapeur. Les deux firmes avaient d'abord construit des machines à vapeur pour actionner leurs moissonneuses. (Collection Eastman, université de Californie-Davis)

Best

Daniel Best Agricultural Works,
de San Leandro, Californie

Daniel Best naquit dans l'Ohio en 1838. La famille déménagea à Keokuk dans l'Iowa, d'où Daniel, alors âgé de 21 ans, partit pour l'Oregon. Après plusieurs années passées dans les scieries de l'Oregon et de l'État de Washington, il rejoignit ses trois frères qui cultivaient de grandes exploitations de blé en Californie. Tandis qu'il aidait ses frères dans les travaux des champs, il imagina un vannoir transportable. Celui-là permettant d'éviter le transport du grain dans un établissement spécialisé, ce qui non seulement prenait du temps, mais coûtait très cher. L'hiver suivant, il avait construit trois de ces engins qui pouvaient se déplacer de fermes en fermes. À l'automne suivant, ses frères et lui tournaient avec leurs machines dans les fermes voisines.
C'était les débuts de l'entreprise Best Manufacturing Company. Elle fabriqua d'abord des vannoirs, mais bientôt Daniel Best se lança dans la construction d'une machine qui combinait batteuse et vannoir qu'il baptisa "Combined Harvester" (combiné-moissonneuse). C'est ce nom de "combiné" qui resta pour désigner la moissonneuse-batteuse aux États-Unis. À l'automne 1886, il en avait vendu six à ses voisins fermiers. Pour animer ces moissonneuses, il fallait des attelages conséquents de plusieurs chevaux de trait.
En 1888, le marquis de Lafayette Remington, une des connaissances de Daniel Best, du temps de son passage en Oregon, avait fait breveter un tracteur à vapeur. Il était d'une conception originale avec sa chaudière verticale, repoussée vers l'arrière, entre les roues motrices. Une roue avant unique, directrice, était actionnée par la vapeur. La position de la chaudière, qui dégageait les éléments sous pression des contraintes sur sol inégal, donnait une machine plus légère que ses concurrentes. La machine de Remington était faite avant tout pour tracter, l'entraînement de la machine de

Best étant secondaire. Plusieurs de ces machines étaient utilisées dans les opérations de déboisement dans l'ouest, où elles furent probablement les premiers engins à moteur à débarder des grumes.

Malheureusement, l'usine de Remington fut réduite en cendres par un incendie. Pour financer la reconstruction, le marquis amena les tracteurs rescapés chez Best. Après des essais, Best acheta les droits pour tous les États, sauf l'Oregon.

Best se mit alors en devoir d'agrandir et d'améliorer la machine en l'associant à sa moissonneuse. Un cheval-vapeur du moteur suffisait pour animer la faucheuse, la batteuse et le système de vannoir. Il actionnait également un convoyeur qui amenait la paille vers l'avant où elle était utilisée comme combustible. La machine produisait sa propre source d'énergie, tout en avançant.

La machine de Best connut un succès important auprès des grandes exploitations californiennes, mais restait avant tout appréciée pour ses capacités au débardage forestier. En 1900, Best produisait une vingtaine de machines par an, certaines partant pour des contrées lointaines, tout autour du monde.

Tracteur à vapeur Daniel Best, 1894
*Les bûcherons se reposent tandis que le tracteur Best s'apprête à tirer une énorme charge de grumes. Best ("meilleur", en anglais) faisait un usage abusif de son nom en qualifiant ses productions comme étant les meilleures (*the best*). Les tracteurs Best arrivèrent dans les années 1890 sur la côte pacifique où ils firent un malheur. Best avait acheté les droits d'une machine à vapeur créée par de Lafayette Remington, de Woodburn, dans l'Oregon. Il en avait amélioré le principe et l'avait mise en production en 1889. Le Remington avait été conçu pour les bois; le Best était aussi à l'aise dans les bois que dans les champs. (Collection Eastman, université de Californie-Davis)*

Le roman de la vapeur

"Un bon vaporiste doit être sobre, travailleur, soigneux et fidèle à sa charge."
(Extrait du *Guide des jeunes ingénieurs*, manuel d'instruction pour les machines à vapeur Case, vers 1900)

Machine à vapeur Lion, années 1900
Ci-dessus : Les batteuses et machines à vapeur de la firme canadienne Waterlooo Manufacturing Company étaient vendues sous la marque Lion entre 1850 et 1925. Ce logotype ornait une machine de 16 HP. Propriétaire, Musée agricole de l'Ontario.

Pour nombre de garçons ou de filles de la campagne, le vaporiste itinérant était la figure même de la réussite. Le chef d'équipe, qui avait roulé sa bosse, couvert de graisse et la chique à la joue, exerçait une fascination sans égale sur le gamin ou la gamine qui n'avait jamais quitté sa campagne, ni vu plus qu'un attelage de deux chevaux. Aller chercher un objet pour lui à sa requête devenait le souvenir d'une vie.

Le mécanicien vaporiste était l'équivalent du pilote d'essai d'aujourd'hui ou de l'astronaute, en plus accessible. Le magnat de l'automobile Henry Ford écrivait dans son autobiographie de 1922 : "Le plus grand souvenir de ma jeune vie fut ma rencontre avec un tracteur à vapeur sur la route de Detroit. J'étais en grande conversation avec le mécanicien avant que mon père ne se soit rendu compte de quoi que ce soit. C'est cette machine qui m'a amené à l'automobile." Ford allait lui-même devenir un expert en machine à vapeur, occupant le poste de réparateur itinérant chez G. Westinghouse Company, de Schenectady, dans l'État de New York, et, plus tard, celui de chef opérateur chez Edison Illuminating Company à Detroit, dans le Michigan.

Opérateur de machines à vapeur était un dur métier, dangereux de surcroît. Les premières machines utilisaient des métaux de piètre qualité qui pouvaient présenter des faiblesses fatales. Les méthodes de construction étaient tout aussi approximatives. Les rivets pouvaient lâcher, les fontes étaient parfois poreuses, et la chaudière pouvait éclater. L'opérateur était aussi responsable des écarts de l'attelage, des ponts effondrés, et des incendies. Les pannes mécaniques réclamaient la plus grande

Case 110, 1913
Ci-dessous : "Fais-la fumer !" Une Case de 110 ch trace son sillon en tirant un ensemble de labour à douze socs à la fête annuelle de Rollag dans le Minnesota.

ingéniosité, car elles devaient être réparées sur place. L'eau sale faisait des dépôts qui pouvaient inonder les cylindres, ce qui entraînait leur rupture. Les dépôts pouvaient aussi altérer la surface des échangeurs. Obtenir un carburant de bonne qualité était un souci constant. Le charbon était le plus recherché mais rarement disponible. Le bois pouvait en général faire l'affaire, mais il fallait en avoir à portée de main. Dans les grandes plaines, la paille était le meilleur choix, mais elle ne donnait entière satisfaction que dans les machines prévues à cet effet.

Au pic de leur popularité, on comptait près de soixante-quinze mille spécialistes de la moisson et du battage à la vapeur. Ils suivaient la saison des moissons du sud au nord, sacrifiant une vie normale pour dormir sous leur machine, au long de leur périple. Ils revenaient chaque année, attirés non pas par le lucre mais par la passion de leur métier, pour la satisfaction du travail bien fait, la bonne nourriture préparée par les fermières et pour la fascination qu'ils exerçaient sur les populations rurales.

La puissance de la vapeur conférait un charme presque surnaturel à ceux qui y étaient associés, et encore aujourd'hui. Une fois ensorcelé, on ne pouvait plus ignorer le sifflet d'une locomotive au loin, ni le "tchou-tchou" d'une machine à vapeur en action dans une scierie ou au battage. Les anciens essayaient de communiquer leur passion, mais les explications étaient soit inutiles, soit inefficaces. On avait le virus de la vapeur ou on ne l'avait pas.

Sawyer-Massey 76, 1918

La Sawyer-Massey Company, d'Hamilton, dans l'Ontario, était l'un des constructeurs de machines à vapeur et de batteuses les plus réputés du Canada. Tout commença dans le minuscule atelier de John Fisher en 1835. En 1840, un parent, L. D. Sawyer, racheta la compagnie naissante et commença à produire des moissonneuses. À la mort de Fisher, le nom de la firme devint L. D. Sawyer Company. En 1892, Hart Massey, le Massey de Massey-Harris, acquit 40 % du capital et le nom fut changé en Sawyer-Massey. Les Massey se retirèrent de l'affaire en 1910, mais leur nom continua. Propriétaire, ministère de l'Agriculture et de la Nourriture de l'Ontario.

Wood Brothers

Wood Brothers Inc., de Des Moines, Iowa

Wood Brothers 30, 1914

Le Wood Brothers 30 "double transmission" de 1914 innovait en transmettant la puissance aux roues motrices arrière, par des systèmes d'engrenages donnant un avancement régulier et équilibré. La plupart des concurrents de l'époque n'offraient qu'un arbre de transmission.

F. J. Wood et son frère R. L. créèrent la firme Wood Brothers Thresher Company, à Rushford, dans le Minnesota, en 1893. Ils déménagèrent à Des Moines, dans l'Iowa, en 1899 et prirent le nom de Wood Brothers Inc.

F. J. Wood resta le patron de la firme jusqu'à sa retraite en 1945. Peu après, Henry Ford racheta la compagnie. Inventeur prolixe, F. J. Wood mit au point un tracteur à vilebrequin central et double transmission de 30 ch en 1915. La double transmission transmettant la puissance à chacune des roues motrices limitait les contraintes sur chacun des engrenages. Les engrenages les plus sollicités baignaient dans l'huile et les autres composants étaient conçus pour résister aux efforts du labourage.

Le moteur "30" était le plus puissant des moteurs Wood, les autres étaient dans la catégorie des 20-25 ch.

Les grandes marques de l'ère de la vapeur

Avery

Avery Company,
de Peoria, dans l'Illinois

Les frères Robert et Cyrus Avery fondèrent la compagnie Avery en 1874, à Galesburg, dans l'Illinois. Après dix ans dans le business du blé, ils s'installèrent à Peoria, dans l'Illinois. Ils construisirent leur premier tracteur à vapeur en 1891. C'était un monocylindre à simple expansion à grosse chaudière qui autorisait des pressions plus élevées que la concurrence. Avery se lança également dans les batteuses à la même époque.

Avery Undermounted 18, 1912

L'Avery Undermounted était une bicylindre réputée pour son silence et sa souplesse. La firme construisait des engins de ce type offrant jusqu'à 50 ch. Celle-ci est une 18 ch.

John Bartholomew, un parent des deux frères, devint vice-président en 1893. À la mort des deux frères, il devint président de la firme, après y avoir travaillé depuis l'âge de 15 ans. C'était un homme énergique, aussi doué pour la mécanique que pour la gestion. Il amena la compagnie au tracteur à pétrole, y compris, en 1909, un engin à mi-chemin entre le camion et le tracteur qui ne connut aucun succès. Le grand œuvre de Bartholomew fut l'Avery Undermounted de 1903. L'Undermounted (mot à mot : monté au-dessous) était un tracteur à vapeur dont les deux cylindres étaient montés sous la boîte à vapeur plutôt qu'au-dessus, ce qui leur conférait une souplesse et un silence de fonctionnement incomparables. La gamme comprenait des 16, 18, 20, 30, 40 et 50 ch. Parallèlement, Avery continuait de fabriquer des monocylindres conventionnels avec des puissances de 12 à 50 ch.

Au début des années 1920, Avery rencontra des difficultés avec des crédits aux clients trop importants et des investissements galopants pour concurrencer les tracteurs à pétrole. La société fut réorganisée en Avery Power Equipment en 1924. Bartholomew disparut en 1925, mais la firme continua avec succès jusqu'en 1931, au plus profond de la grande dépression. Elle fut une nouvelle fois sauvée jusqu'en 1941, construisant le fameux tracteur à pétrole Ro-Trak.

Advance-Rumely

Advance-Rumely Thresher Company, de La Porte, dans l'Indiana

À l'exception de Case, Advance-Rumely construisit plus de tracteurs à vapeur que n'importe quelle autre marque.

Les origines d'Advance-Rumely Thresher Company remontaient à la forge d'un immigrant allemand, Meinrad Rumely, fondée à La Porte, dans l'Indiana, en 1852. Rumely et son frère John avaient commencé à construire des moissonneuses dès 1854. Vers 1910, la compagnie Rumely, désormais aux mains du Dr Edward Rumely, petit-fils du fondateur, commença à produire les tracteurs à pétrole Rumely OilPull.

Rumely se rendit acquéreur de nombreuses autres firmes au fil des ans. Elle acheta notamment Advance Thresher Company, de Battle Creek, dans le Michigan, puis Gaar & Scott, ainsi que la firme canadienne American-Abell Engine & Thresher Compnay, de Toronto, dans l'Ontario. Peu après, elle acquit encore la vénérable Northwest Thresher Company, de Stillwater, dans le Minnesota. La compagnie avait grandi trop vite et dut faire face à des problèmes financiers insurmontables à partir de 1915, lorsqu'elle fut réorganisée et devint Advance-Rumely Thresher Company. En 1923, un nouveau nom vint s'ajouter à la liste, celui de Aultman & Taylor Machinery Company, de Mansfield, dans l'Ohio. Advance-Rumely fut rachetée par Allis-Chalmers Company, de Milwaukee, dans le Wisconsin, en 1931.

Rumely construisit une large variété de machines simple et double *compound*. Les puissances s'étalaient de 12 à 35 ch selon l'ancien système de calcul, et jusqu'à 140 ch dans le nouveau système.

Tracteur à vapeur Gaar-Scott, années 1900

"Construite pour le ranch pionnier de McLeod dans l'Alberta", peut-on lire sur la boîte à vapeur de ce Gaar-Scott, attelé à un ensemble de charrues prêtes à défoncer la prairie. Gaar Scott & Company, de Richmond, dans l'Indiana, fut créée en 1870 et rachetée par Advance-Rumely en 1911. (Archives Glebow)

Advance-Rumely 22-65, 1919

Advance-Rumely construisit plus de douze mille tracteurs à vapeur. D'origine canadienne, Advance fut repris par Rumely en 1911. Cette machine sort des usines Rumely de La Porte, dans l'Indiana. Propriétaire, Kurt Umnus.

CHAPITRE 2

Genèse du tracteur à pétrole (1889-1920)

“Le nouveau tracteur à pétrole peut supporter n’importe quelle surcharge de travail en cas d’urgence, là où le cheval ou la mule s’écrouleraient. Il peut tirer n’importe quel outil au clair de lune, aussi bien qu’en plein jour. S’il n’y a pas de lune, vous n’avez qu’à allumer les phares.”
(*Le Tracteur*, Barton W. Currie, 1916)

Avery 12/25, 1916
Photo principale: Construit par Avery Company, de Peoria, dans l’Illinois, de 1912 à 1919, le 12/25 était équipé d’un moteur transversal horizontal à pistons opposés avec refroidissement des gaz d’échappement.

Brochure Avery, 1919
Au-dessus: Avery présentait la mécanisation de l’agriculture comme la voie du futur.

La période de l'invention

Charter, 1889

Les deux photos: La société Charter Gas Engine Company, de Sterling, dans l'Illinois, fondée par John Charter, construisit ce que l'on peut considérer comme le premier tracteur à moteur à combustion interne d'Amérique. Le moteur monocylindre 10/20 ch de Charter utilisait le carburant liquide, plutôt que le gaz naturel comme c'était d'usage au début du moteur thermique. Charter installa son moteur sur un châssis de tracteur à vapeur Rumely. Il construisit six machines en 1889 qu'il expédia à des fermiers du nord-est des États-Unis.

Chronologie

1901 : le premier signal radio traverse l'Atlantique

1906 : tremblement de terre et grand incendie de San Francisco

1906 : la maladie d'Alzheimer identifiée

1907 : Leo Baekeland invente la première matière plastique, la Bakélite

1908 : William Hoover invente l'aspirateur

1909 : début des émissions radiophoniques

1914 : ouverture du canal de Panama

1925 : invention du ruban adhésif Scotch

Le début du XXe siècle vit une explosion d'avancées technologiques seulement comparables à celles du tournant du XXIe siècle. En 1890, de nombreux Américains étaient des vétérans de la guerre de Sécession. Ils avaient vu les cabanes de rondins et les prés marécageux remplacés par des fermes prospères avec des maisons à charpente et d'immenses granges. À peine visible sur la prairie, les ornières des chariots des pionniers avaient été remplacées par les rails de chemin de fer. Au cours de leur vie, le téléphone, l'ampoule électrique, le phonographe et la bicyclette avaient fait leur apparition. Ce n'était que le début. Avec l'apparition du moteur thermique, l'automobile, le tracteur et l'avion allaient voir le jour.

"La voiture sans cheval", comme on appelait alors l'automobile, débuta timidement aux États-Unis. Le vocabulaire américain de l'automobile suggère une prééminence de la France - des mots anglais comme *chauffeur*, *garage*, *châssis*, *sedan* et même *Detroit* sont d'origine française, et l'automobile, un autre mot emprunté au français par la langue anglaise, est bel et bien né en France. À l'époque de l'Exposition universelle de 1900, les automobiles surpassaient en nombres les voitures à cheval sur les Champs-Élysées, à Paris. Quand Ford fonda la Ford Motor Company en 1903, l'automobile était encore considérée comme un jouet de riche. Une large partie de la population détestait les riches au volant de leurs automobiles puantes et bruyantes qui effrayaient les chevaux. Comme le disait le président Woodrow Wilson en 1907 : "Rien n'a jamais autant fait pour le progrès des idées socialistes dans notre pays que l'apparition de l'automobile avec son image d'arrogance et de richesse."

Deux choses freinèrent le développement de l'automobile aux États-Unis, le prix et l'absence de routes praticables. Ford surmonta le premier obstacle avec sa Ford T, produite en grande série. Le Good Roads Movement, fondé en 1902 par l'association des constructeurs de routes, et l'American Automobile Association résolurent ensuite le second. Ce dont avait besoin le Good Roads Movement était un tracteur pour tirer les outils nécessaires à la construction des routes.

Les premiers tracteurs à pétrole succédèrent aux tracteurs à vapeur. On commença par monter des moteurs thermiques fixes sur des bâtis afin de pouvoir les transporter où l'on en avait besoin. On leur ajouta des roues, puis un mécanisme d'entraînement et un système de direction et, enfin, une barre d'attelage. Le tracteur était né.

Le premier de ces tracteurs fut construit par la Charter Gas Engine Company, de Sterling, dans l'Illinois. Le brevet déposé par John Charter en 1889 faisait état de l'usage de pétrole liquide ou gazoline. Jusque-là, les moteurs faisaient usage de carburants allant du gaz naturel à la poudre de charbon. Les besoins en lubrifiants pour les machines avaient entraîné le développement de l'industrie du pétrole. La gazoline - notre essence - était un résidu hautement volatil distillé lors du raffinage du pétrole pour obtenir de la graisse et de l'huile. Une fois la gazoline utilisée comme carburant, les industries du pétrole et du moteur thermique prirent leur envol. Charter installa un de ces moteurs sur un châssis Rumely et vendit six de ses machines.

Le premier tracteur capable de se mouvoir par lui-même en avant comme en arrière fut le Froelich de 1892. John Froelich, de Froelich, dans l'Iowa, installa un moteur à pétrole Van Duzen sur un châssis de tracteur à vapeur Robinson et dessina une transmission et un système de direction de son cru. Froelich emmena son tracteur et sa batteuse dans une tournée de cinquante jours. Lors de ses déplacements de ferme en ferme, il tirait la batteuse avec le tracteur. Une fois arrivé, il entraînait la batteuse avec une courroie fixée au volant moteur du tracteur. Il battit soixante-douze mille boisseaux de grains. Plus tard, Froelich s'associa avec un financier pour

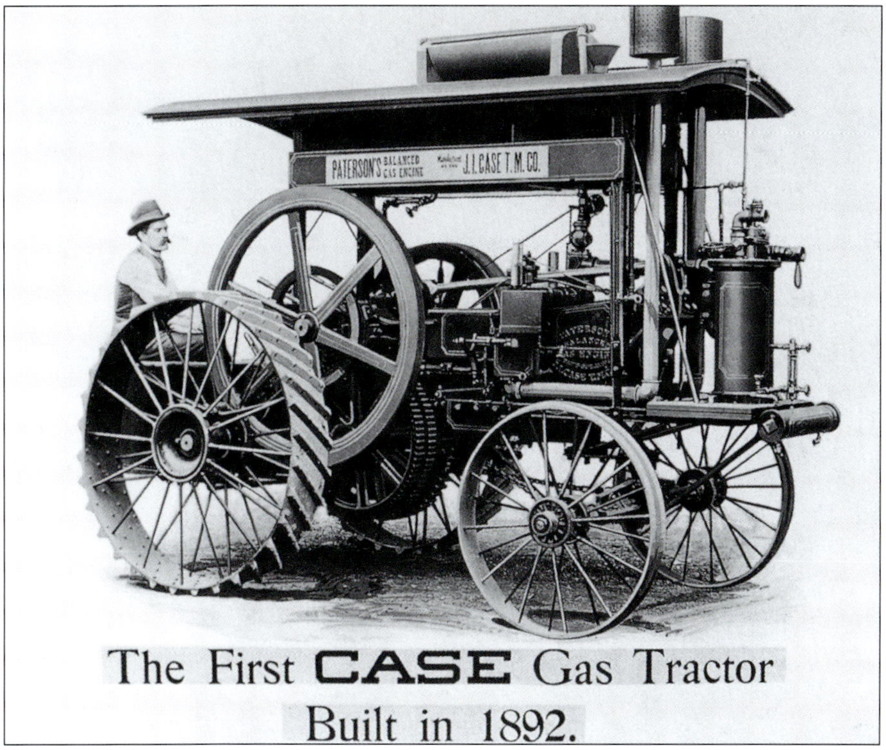

Paterson-Case, 1892

À gauche: L'ingénieur William Paterson de Stockton, en Californie, vint chez Case construire un moteur à gaz expérimental au début des années 1890. Le moteur "équilibré" était un bicylindre horizontal en ligne avec des chambres de combustion refroidies par eau. Le Paterson était l'un des premiers tracteurs à pétrole pratique et qui fonctionnait, mais pas assez bien pour entrer en production. Il souffrait de problèmes d'allumage et d'alimentation, le drame de bien des machines à l'époque. Nullement découragé, William Paterson déposa un brevet en octobre 1894.

Townsend, modèle 30/60, 1914

Le Townsend, si particulier, était construit sur ce qu'on appelait un châssis de chaudière. Ces engins qui ressemblaient à des tracteurs à vapeur étaient proposés en cinq tailles différentes par la Townsend Manufacturing Company, de Roy C. Townsend, de Janesville, dans le Wisconsin. Le modèle 30/60 était équipé d'un moteur à deux cylindres horizontaux parallèles refroidis par bain d'huile. La "chaudière" contenait des tubes autour desquels circulait de l'air pour refroidir l'huile. Le courant d'air était généré par l'échappement dans la cheminée.

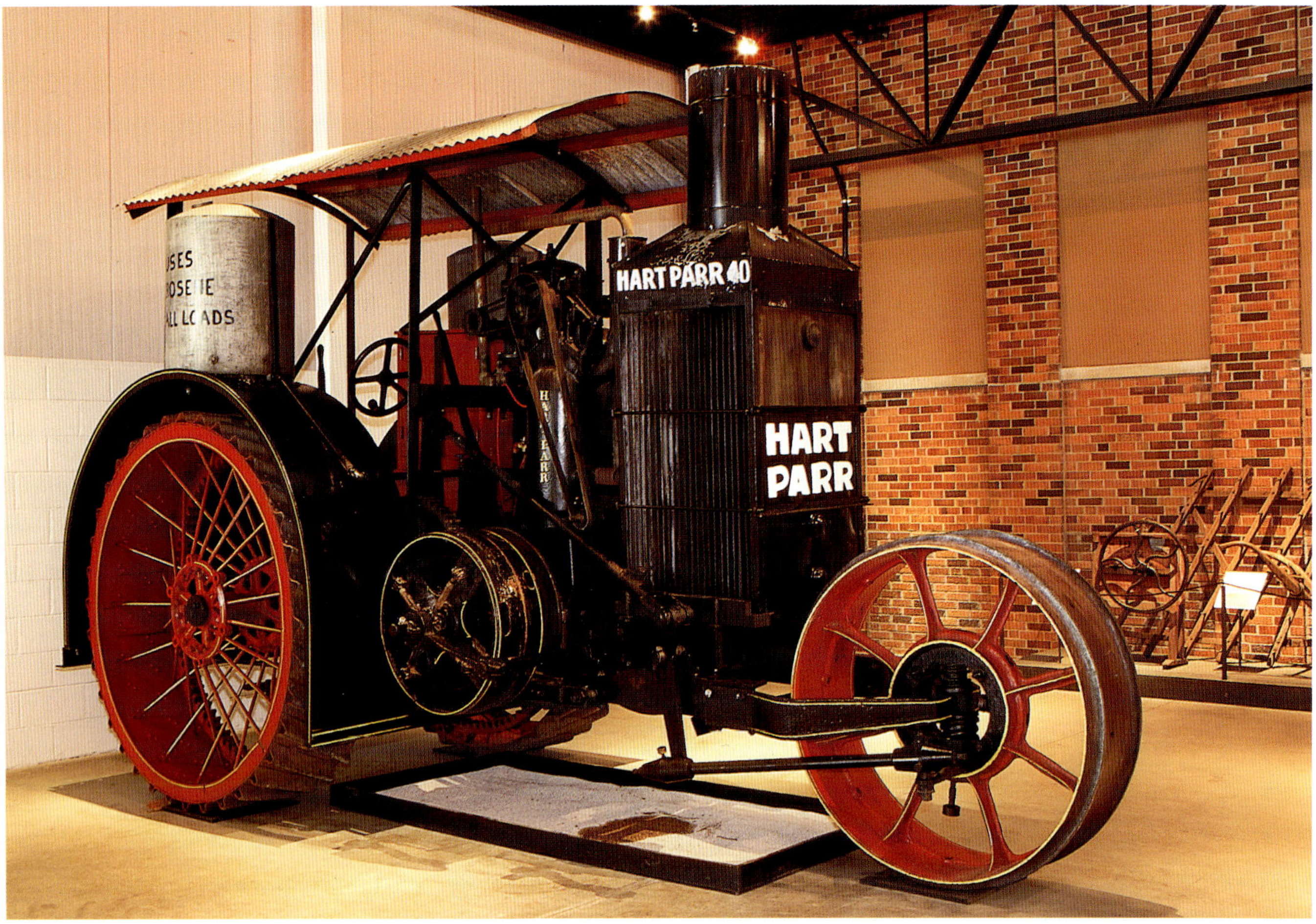

Hart-Parr, modèle 40 20/40, 1914

Ce Hart-Parr 40 était exposé au musée de la Société historique du comté de Floyd à Charles City, dans l'Iowa. Ce tracteur fut construit en 1914, mais d'autres du même type furent construits de 1912 à 1914. Le modèle 40 était mû par un bicylindre vertical refroidi par huile, qui tournait à 400 tr/min.

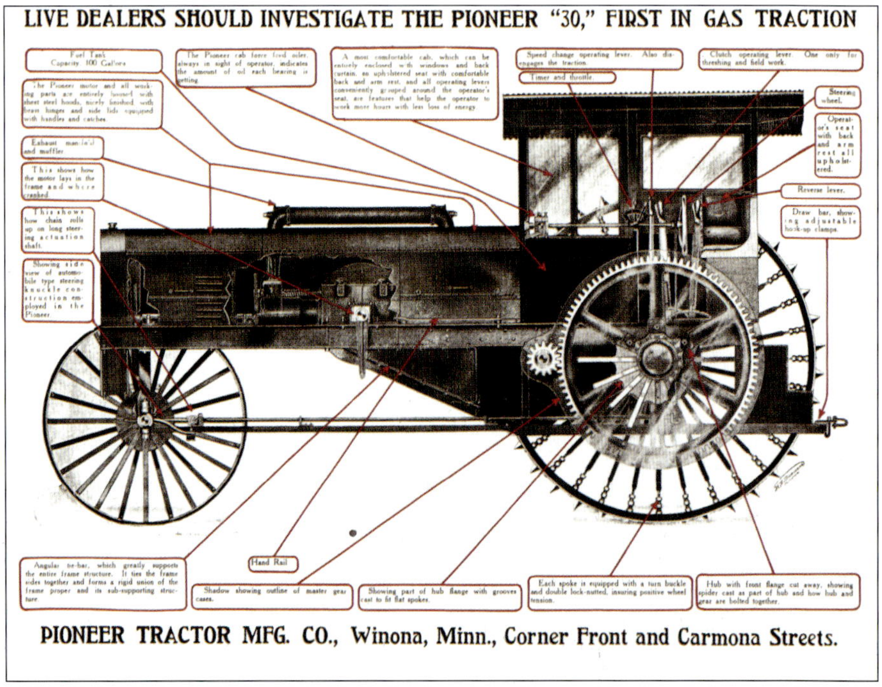

Publicité pour le Pioneer 30, années 1910

La Pioneer Manufacturing Company, de Winona, dans le Minnesota, commença à construire des tracteurs en 1910 avec ce Pionner 30. "Premier en traction à pétrole", affirmait cette publicité pour le quatre-cylindres (175 x 200 mm) opposés horizontalement du Pioneer. Les immenses roues du Pioneer 30 faisaient 2,40 mètres de diamètre.

Twin City, modèle 40, années 1910

La Minneapolis Steel & Machinery Company, de Minneapolis fut fondée en 1902 pour construire des machines à vapeur et autres équipements agricoles. MSM se lança dans la production de tracteurs à pétrole en 1911, baptisant ses machines Twin City. Propriétaire, la famille Vouk.

fonder la Waterloo Gazoline Traction Engine, de Waterloo, dans l'Iowa. C'est cette compagnie qui fabriqua le fameux tracteur Waterloo Boy. Deere & Company, de Moline, dans l'Illinois, racheta cette compagnie en 1918 se lançant du même coup dans la production de tracteurs agricoles.

En 1892, Case, bien connue pour ses tracteurs à vapeur, expérimenta également le moteur thermique à pétrole. Ce prototype utilisait un concept proposé à Case par l'inventeur William Paterson. Il était venu chez Case avec une batteuse de son invention. Pour mieux vendre sa machine il mentionna son idée d'un moteur à deux cylindres "équilibré" pour l'entraîner. Stephen Bull, le président de Case, lui dit que sa batteuse ne l'intéressait pas mais que son moteur, lui, l'intéressait.

En 1897, Charles Hart et Charles Parr fondèrent la Hart-Parr Gasoline Engine Company alors qu'ils étaient tous deux encore étudiants à l'université du Wisconsin, à Madison. En 1900, quand ils eurent du mal à trouver des fonds pour s'agrandir, ils déménagèrent leur société à Charles City, dans l'Iowa, la ville natale de Hart. Sa famille ayant bonne réputation dans les environs, les banques n'hésitèrent pas à prêter les fonds nécessaires aux deux jeunes entrepreneurs pour se lancer dans l'aventure du tracteur agricole.

Publicité pour le Big Four 30, années 1910

Le Big Four 30 de la Gas Traction Company, de Minneapolis, fut l'un des tracteurs à pétrole les plus influents. Ce gigantesque engin était actionné par un quatre-cylindres de 100 mm d'alésage pour 125 mm de course. Les Big Four se vendaient bien, grâce à la branche Deere & Company et furent copiés par de nombreux constructeurs.

Le duo construisit son premier tracteur, le Hart-Parr n° 1, en 1901 et le vendit en 1902. Une version améliorée, le N° 2, fut réalisée en 1903. Quinze exemplaires de N° 2 furent vendus cette même année. En 1905, Hart et Parr avaient monté la première société vouée uniquement à la construction de tracteurs agricoles. Le directeur des ventes, W. H. Williams, est même crédité pour l'invention du mot "tracteur" qu'il aurait été le premier à utiliser sur ses brochures publicitaires. Auparavant, on appelait ces engins "machines de traction". En 1907, un tiers des six cents tracteurs en activité sur le territoire des États-Unis étaient des Hart-Parr. Dans la première décade du XXe siècle, la plupart des marques qui allaient jouer un rôle primordial dans l'évolution de la mécanisation du monde agricole avaient été fondées. Wallis Tractor Company, de Racine, dans le Wisconsin ; Henry Ford & Son, de Dearborn, dans le Michigan ; McCormick Harvesting Company, de Chicago ; Wm. Deering & Company, de Chicago ; Gas Traction Company, de Minneapolis, constructeur du tracteur Big Four ; et Minneapolis Steel & Machinery Company, de Minneapolis, constructeur de la gamme Twin City. Les tracteurs de l'époque n'avaient pas encore trouvé leur configuration définitive, si bien que l'on trouvait toutes sortes de systèmes plus ou moins originaux pour les moteurs et les transmissions. Certaines compagnies étaient solidement implantées dans la construction de machines agricoles, tandis que d'autres exploitaient un brevet unique. L'allumage et l'alimentation étaient les gros problèmes de l'époque. Les pignons à l'air libre posaient également problème, et l'embrayage à friction, banal aujourd'hui, était un véritable défi pour les ingénieurs de l'époque. À côté des problèmes techniques, l'automobile et le tracteur à pétrole posaient

Publicité Twin City, 1917
En haut à gauche : Minneapolis Steel & Machinery proposait ses Twin City en quatre tailles de 15 à 60 ch.

Twin City, modèle 40, années 1910
Deux photos de gauche : Le Twin City, modèle 40 était animé par le quatre-cylindres à soupapes en tête maison de 26 litres de cylindrée crédité de 40 ch à la barre et 65 à la poulie aux essais de la station du Nebraska.

Russel Giant 30/60, 1916

Ci-dessus : Un Russel Giant tire une charrue "neuf socs" John Deere au cours d'une démonstration. Le Giant était équipé d'un quatre-cylindres vertical et d'une transmission à deux rapports. Russel avait été l'un des acteurs majeurs de la scène du tracteur à vapeur avant de se lancer dans la construction de tracteurs à pétrole en 1911 à Massillon, dans l'Ohio. La compagnie, fondée en 1842, survécut jusqu'en 1942.

Avery 40/65, 1913

À gauche : Construit par la compagnie Avery, de Peoria, dans l'Illinois, le quatre-cylindres 40/80 était un monstre de presque 10 tonnes. Son moteur de 25 litres de cylindrée se montrait un peu juste en puissance à la poulie et on le rebaptisa 40/65. Sa production s'étala de 1913 à 1920.

des problèmes sociaux tant en ville que dans les campagnes. C'était une époque socialement et politiquement agitée. La révolte progressiste débuta en 1896, avec les populations urbaines et rurales luttant contre la mainmise des grandes sociétés et des chemins de fer sur le pouvoir fédéral. Les socialistes gagnaient aussi en influence sur les ouvriers des usines, depuis qu'Eugene Debs avait fondé son parti social et démocratique en 1896. Les problèmes se répandaient depuis les villes ou les bidonvilles ; le crime et la pauvreté gagnaient rapidement et l'exploitation des ouvriers, surtout des femmes et des enfants, était effrénée. Les immigrants étaient à la merci de la grande industrie et mal vus de la première vague d'immigrants. Le système bancaire, quasiment sauvage, causait des crises financières à répétition sans se soucier des ravages qu'il infligeait aux populations.

Publicité Gray, 1918

Gray 18/36, 1917

Deux photos ci-dessus : Les tracteurs Gray, construits par Gray Tractor Company, de Minneapolis, étaient équipés d'un étrange tambour d'entraînement à l'arrière et d'un non moins étrange dais en tôle ondulée. Le tambour de 1,75 mètre de large était là pour répartir le poids du tracteur sur une large surface au sol afin de limiter le compactage en terrain meuble, un problème que d'autres avaient résolu avec les chenilles. La puissance était fournie par un quatre-cylindres Waukesha de 7 830 cm³. Le Gray fut construit de 1914 à 1925 par une filiale des tracteurs à vapeur Knapp qui avaient été construits à Rochester, dans l'État de New York en 1908.

Hart-Parr 30A 15/30, 1920

Hart-Parr construisit le type A de 1918 à 1924. Il était équipé de deux cylindres horizontaux côte à côte et d'une transmission à deux vitesses. Sur la base du radiateur, on peut lire: "Hart-Parr Co. fondateur de l'industrie du tracteur, Charles City, Iowa U. S. A." Propriétaire, David Preuhs.

Tracteur Short Turn, année 1910

Il existait toutes sortes de tracteurs dans ces années de gestation entre 1910 et 1920. Le Short Turn (littéralement "tourne court") pouvait faire demi-tour sur sa propre longueur en bout de sillon. C'était une création de l'inventeur John Dahl, fabriquée par Short Turn Tractor Company, sise à Bemidji et Minneapolis, en 1916-1918.

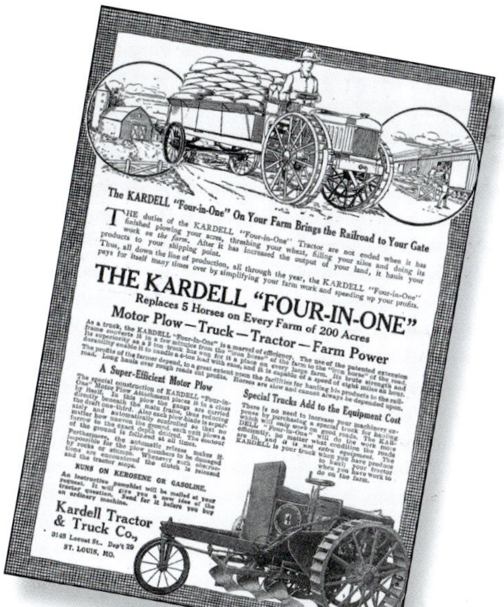

Publicité Kardell Four-in-One, 1917

La Kardell Tractor & Truck Company, de Saint-Louis, dans le Missouri, proposait cet innovant Four-in-One ("quatre en un") qui permettait à son heureux propriétaire de disposer à la fois d'une charrue automotrice, d'un camion, d'un tracteur et d'un moteur d'entraînement par courroie pour la batteuse et autres engins agricoles de la ferme. Crédité de 20/32 ch, le Four-in-One était équipé d'un débrayage automatique

Minneapolis 17/30 Type A, 1925
À droite : avec son quatre-cylindres transversal, le 17/30 ressemblait comme un frère au 27/44, mais faisait 25 cm de moins en largeur et pesait 900 kg de moins. Il fut construit de 1920 à 1929. Propriétaire, la famille Timm.

Minneapolis 27/44
Ci-dessous : Le 27/44 avait deux marches avant, un moteur quatre-cylindres transversal et un poids de près de 4 tonnes. Propriétaire, la famille Timm.

Froelich

Waterloo Gasoline Traction Engine Company, de Waterloo, dans l'Iowa

Le tracteur de John Froelich, de 1892, était le premier à se mouvoir en avant comme en arrière par ses propres moyens. Sur les machines à vapeur, il suffisait d'inverser le sens de rotation pour aller en marche arrière, sans avoir recours à une boîte de vitesses. Installer un moteur thermique sur un châssis de tracteur à vapeur ne suffisait donc pas à obtenir une marche arrière. Le marché des tracteurs à vapeur convertis au moteur thermique de la taille et du poids d'un tracteur à vapeur trouvait un marché limité. La machine de Froelich n'eut pas de mal à attirer l'attention.

Froelich utilisait un énorme moteur de 35 litres de cylindrée construit par la Van Duzen Gasoline Engine Company, de Cincinnati, dans l'Ohio. Il était de type "carré" avec une course de 350 mm, identique à l'alésage. Il était installé verticalement pour éviter les effets de couple lorsque le tracteur se déplaçait. L'allumage était assuré par point chaud avec batterie, et un régulateur à boules maintenait la soupape d'échappement ouverte lorsque le régime dépassait la vitesse désirée.

Le châssis était en bois avec des roues et une transmission de tracteur à vapeur Robinson. Froelich avait lui-même dessiné son embrayage, son système de marche arrière et sa direction. La direction était assurée de la plate-forme avant par un système de chaîne à maillons carrés qui faisait pivoter le train avant. La chaîne était actionnée au moyen d'un volant par un système à vis et secteur. Des leviers permettaient à l'opérateur de contrôler la direction, l'embrayage et l'accélération.

Le tracteur rencontra un beau succès avec Froelich, mais à partir du moment où il s'associa à un groupe de financiers pour constituer la Waterloo Gasoline Traction Engine Company, de nombreux clients insatisfaits renvoyèrent leur machine pour être remboursés. Pour générer des liquidités, la firme retourna aux moteurs fixes avec lesquels elle réussit plus ou moins bien. Froelich quitta la compagnie lorsque le mot "Traction" disparut de son intitulé.

La Waterloo Gasoline Engine Company conçut deux autres modèles de tracteur en 1896 et 1897, mais un seul fut construit. Elle continua dans le moteur fixe jusqu'en 1912. En 1906, la marque Waterloo Boy fut adoptée pour les moteurs et également pour les tracteurs qui apparurent après 1912. C'est cette firme et ses tracteurs qu'acquit John Deere en 1918.

Brochure Froelich, années 1890
La brochure originale de Froelich. On y vantait l'excellente visibilité grâce à la plateforme située à l'avant.

Réplique du Froelich, 1892
Le premier tracteur vraiment pratique fut construit par John Froelich en 1892. Vingt-six ans plus tard, il allait donner naissance à la lignée des John Deere. Cette machine fut construite par les ouvriers de l'usine John Deere de Waterloo, dans l'Iowa, en 1937, pour les besoins d'un film documentaire. La réplique était exposée dans le centre administratif John Deere de Moline, dans l'Illinois.

Hart-Parr 30/60 "Old Reliable"

Hart-Parr Engine Company,
de Charles City, dans l'Iowa

Hart-Parr 30/60 "Old Reliable", 1911

Deux photos ci-dessous : Le 30/60 était animé par un moteur à deux-cylindres horizontaux parallèles tournant au régime constant de 300 tr/min. Il utilisait un allumage par trembleur et une magnéto basse tension, tandis que le démarrage se faisait avec une batterie sèche. Il avait trois réservoirs, un pour l'essence servant au démarrage, un pour le pétrole (son carburant principal) et un pour l'eau pour l'injection d'eau. Les gaz d'échappement passaient par la tour de refroidissement, à l'avant, afin de générer un courant d'air pour refroidir les tubes remplis d'huile chaude qui étaient à l'intérieur. Ce 30/60 est dans son état d'origine et n'a jamais été restauré. Propriétaire, Ken Kass.

Bien qu'Hart-Parr ait produit toute une gamme de tracteurs à moteur refroidi par bain d'huile entre 1901 et 1918, c'est bel et bien le 30/60 "Old Reliable" qui lui valut sa renommée. Présenté en 1906, c'était le sixième modèle produit par la jeune firme.

Le moteur était un deux-cylindres parallèles horizontaux à pétrole lampant de 38 591 cm³ (250 x 375 mm), tournant au régime de 300 tr/min. Un volant moteur de 750 kg adoucissait le cycle irrégulier généré par les pistons fonctionnant en sens opposé et par les ratés du régulateur.

L'huile, dont la température d'ébullition est plus élevée que celle de l'eau, servait de liquide de refroidissement. L'usage de pétrole nécessitait des températures de fonctionnement plus élevées, notamment avec l'allumage par trembleur et la magnéto basse tension. Le radiateur de refroidissement en forme de tour, à l'avant, fut la marque de fabrique des Hart-Parr refroidis par huile pendant plus de quinze ans. L'huile chaude du moteur circulait dans des tubes verticaux. Un courant d'air, généré par les gaz d'échappement qui traversaient la tour, refroidissait les tubes et s'échappait par la cheminée. Cette méthode était inspirée des machines à vapeur qui utilisaient la vapeur d'échappement pour aspirer de l'air afin d'attiser le foyer.

Le 30/60 pesait 9 tonnes et avait une marche avant et une marche arrière. Il avait quatre roues avec un essieu avant pivotant. Le différentiel était dans le réducteur de gauche.

Des centaines de ces tracteurs furent vendues. Ils étaient particulièrement populaires dans les grandes plaines où ils tiraient les défonceuses. De nombreux autres furent utilisés dans la construction des routes. C'était l'un des premiers tracteurs qui pouvait être utilisé jour et nuit par des opérateurs dont la connaissance des moteurs thermiques était limitée, d'où son nom de "Old Reliable" (mot-à-mot, vieux fiable).

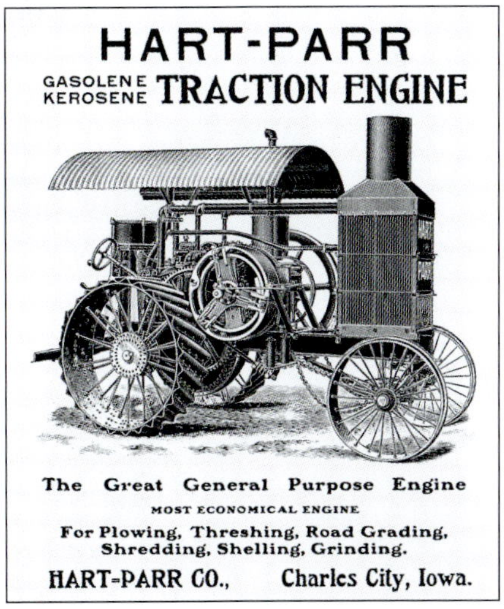

Publicité Hart-Parr, 1911
Ci-dessus : "Le grand moteur à tout faire" clame cette publicité Hart-Parr.

Hart-Parr 30/60 “Old Reliable”, 1913
Deux photos ci-dessus : Le Hart-Parr 30/60 fut construit à Charles City, dans l’Iowa, de 1907 à 1918. On prétend que c’est W. H. Williams, le directeur des ventes de Hart-Parr, qui inventa le terme “tracteur” pour une publicité de ce modèle. Le 30/60 pesait 9 225 kg, avait un moteur bicylindre avec un alésage x course de 250 x 375 mm et était refroidi par 264 litres d’huile ! Il avait une réputation de fiabilité qui lui valut le surnom de “Old Reliable” (mot-à-mot, “vieux fiable”).

L'ère des fusions

"Parlez lentement, portez un gros bâton et vous irez loin."
(Citation d'un proverbe africain par le président Théodore Roosevelt, 1901)

L'éclosion d'une industrie pionnière comme celle du tracteur agricole fut rapidement suivie d'une période de regroupements et de fusions au sein des constructeurs et des équipementiers. Une récession économique, au début des années 1890, amena rapidement toute l'industrie à former des groupes entre rivaux pour éliminer la concurrence et faire payer le public. Les grands acteurs du monde agricole firent de même. En 1891, Massey Manufacturing Company, de Toronto, dans l'Ontario (Canada), et A. Harris Son & Company, de Bantford, dans l'Ontario, furent contraints de s'associer pour former la Massey-Harris Company, de Toronto. McCormick, Deering et cinq sociétés de moindre importance fusionnèrent en 1902 pour former l'International Harvester Company, de Chicago. Case et Deere se réorganisèrent et chacun d'entre eux racheta de petites compagnies pour rester compétitifs et éviter un rachat par plus gros qu'eux.

Theodore Roosevelt arriva à la présidence des États-Unis en 1901 après l'assassinat de William McKinley. À 43 ans c'était le plus jeune Président jusqu'alors. Sa première préoccupation fut ce qu'on appela "le problème des trusts", pour lequel il appliqua la loi anti-trust, de Sherman, inscrite dans les lois depuis 1890.

International Harvester était dans sa ligne de mire, cinq des compagnies qui constituaient le groupe fabriquant des lieuses, des râteaux et des faucheuses. C'était une entrave à la concurrence et IHC fut sommée de se dissoudre. IHC en appela à la Cour suprême et les choses traînèrent jusqu'au début de la Première Guerre mondiale. Le gouvernement se rendant compte que s'il gagnait le procès contre IHC, les sept autres sociétés en attente de procès perdraient également, donnant lieu à une déroute totale de l'industrie incapable de fournir l'effort de guerre qui allait être nécessaire, les avocats du gouvernement ajournèrent les poursuites. Mais IHC ne souhaitant pas avoir cette épée de Damoclès au-dessus de la tête, chercha un accord. En 1918, IHC se séparait des marques de machines de récolte Osborn, Champion et Milwaukee, et les doubles agences McCormick et Deering furent éliminées.

Brochure Twin City 21/32, 1929
La vénérable lignée des Twin City fut reconduite après la fusion en 1929 de Minneapolis Steel & Machinery Company avec Moline Implement Company, de Moline, dans l'Illinois, et la Minneapolis Threshing Machine Company, de Hopkins, dans le Minnesota, pour former la Minneapolis-Moline Power Implement Company.

Twin City 16/30, 1918

À gauche et ci-dessous : le TC 16/30 arborait une carrosserie complètement fermée et disposait d'une transmission à deux rapports. Il pesait 3,5 tonnes et son moteur en L avait une cylindrée de 9 648 cm³. Démarreur et électricité étaient en option. Il ne fut construit que sept cent deux TC 16/30 entre 1918 et 1920. Cet exemplaire date de 1918. Propriétaire, Charles Doty.

THE MINNEAPOLIS
MINNEAPOLIS FARM MOTOR
BUILT BY
THE MINNEAPOLIS
THRESHING MACHINE CO

MTME
MTME

MINNEAPOLIS FARM MOTOR
BUILT BY
THE MINNEAPOLIS
THRESHING MACHINE CO

Allis-Chalmers, modèle M, 1926
Allis-Chalmers Company, de Milwaukee, dans le Wisconsin, peina dans les années d'après guerre et racheta plusieurs sociétés en difficulté. Son modèle E était équipé d'un quatre-cylindres de 7 551 cm³ de 20/35 ch. Propriétaire, Arland Lepper.

Minneapolis 22/44, années 1920
Au-dessus et à gauche :
Le Minneapolis 22/44 fut présenté en 1921 par la Minneapolis Threshing Machine Company. Il pesait 5,4 tonnes et son quatre-cylindres à soupapes en tête avait un alésage x course de 150 x 175 mm. Il avait un embrayage pour la poulie et un arbre de transmission sur le volant moteur pour le travail à la barre. Propriétaire, Larry Maasdam.

Brochure Aultman-Taylor, années 1910
La fameuse Aultman & Taylor Machinery Company, de Mansfield, dans l'Ohio, connut de grosses difficultés financières après la première guerre et fut rachetée par Advance-Rumely en 1924.

Mogul et Titan

International Harvester Company,
de Chicago

En 1914, International Harvester dévoila son premier tracteur "léger", le Mogul 8/16, suivi en 1915 par le Titan 10/20. À l'époque, les agents McCormick vendaient les Mogul, les agents Deering les Titan. Le premier entrait dans la catégorie des "deux socs" et le second dans celle des "trois socs", ce qui amena des frictions entre agents des deux marques, si bien que le Mogul fut poussé à 10/20 ch en 1916

pour entrer dans la catégorie des "trois socs". Le Mogul était un monocylindre rustique reposant sur un bâti de cornière formant une arche vers l'avant, sous laquelle étaient logées deux roues jumelées permettant de tourner plus court. L'entraînement se faisait par chaîne avec le différentiel dans le moyeu gauche. Les premiers 8/16 n'avaient qu'une vitesse avec une marche arrière par inversion, mais le 10/20 avait deux vitesses et une seule marche arrière.
Le Titan utilisait un moteur bicylindre. Son châssis et son train avant étaient similaires à ceux du Mogul. Le refroidissement se faisait par thermosiphon avec un grand réservoir au-dessus des roues avant. La transmission à deux vitesses aux roues arrière se faisait par deux chaînes. Ces tracteurs "légers" pesaient la bagatelle de 2,7 tonnes, mais étaient néanmoins plus légers, plus maniables et bien moins chers que leurs prédécesseurs. Ils étaient aussi plus puissants et plus fiables que la plupart de leurs concurrents de l'époque, et connurent un succès immédiat auprès des fermes moyennes.

International Harvester,
Titan modèle D, années 1910
Les deux photos : Le Titan D de 20 ch à moteur monocylindre de 14 775 cm³, présenté en 1910, pesait 4,5 tonnes. Sa production s'étala jusqu'en 1915, mais il n'en fut construit que deux cent cinquante-neuf exemplaires.

International Harvester Mogul type A, 1908

Les trois photos : Fabriqué de 1907 à 1911, le tracteur à transmission par engrenage (par opposition à la transmission par friction) était connu sous le nom de type A et existait en trois tailles, 12, 15 et 20 ch.

International Harvester Mogul 8/16, années 1910

Vendu par le réseau McCormick à partir de 1914, ce monocylindre utilisait une transmission par chaîne à une seule vitesse. Les versions ultérieures, poussées à 10/20 ch, avaient recours à une transmission à deux vitesses.

Publicité pour le Mogul et le Titan, années 1920

Le distributeur anglais d'International Harvester vendait les deux modèles alors qu'aux États-Unis ils étaient vendus par deux réseaux différents, Mc Cormick (Mogul) et Deering (Titan).

International Harvester Titan 10/20, 1919

Le Titan 10/20, un bicylindre à deux vitesses, était vendu par le réseau Deering. Comme son homologue Mogul, le Titan pesait 2,7 tonnes.

Brochure du Dain-John Deere
à transmission intégrale, 1917

Dain à transmission intégrale

Deere & Company, de Moline, dans l'Illinois

Le quatre-cylindres Dain à transmission intégrale de John Deere fut conçu dans le plus grand secret. La raison de cette discrétion tenait à la fragilité du marché et à la réticence des banques à investir dans un secteur aussi risqué.

William Butterworth, le gendre de Charles Deere, qui avait pris les rênes de la compagnie à la mort de ce dernier, se tenait pour garant de la fortune familiale et n'entendait pas se lancer dans des projets irresponsables. Il y avait pourtant de fortes pressions au sein du conseil d'administration pour réclamer le développement d'un nouveau tracteur. D'autant qu'une relation quasi officielle avec la Gas Traction Company pour la vente de son tracteur Big Four par le réseau John Deere avait rencontré un beau succès. Butterworth décida donc de lancer l'étude d'un tracteur bon marché.

Après un premier essai infructueux avec un tracteur conçu par C. H. Melvin, un membre de la direction, en 1912, l'étude d'un nouveau modèle fut lancée en 1915 par Joseph Dain senior, un autre membre du directoire. Dain avait auparavant vendu du matériel de récolte produit par sa propre société à John Deere, qui, suite à la concurrence effrénée avec International Harvester, avait absorbé les entreprises de petite taille, amenant leurs directeurs au conseil d'administration de John Deere. Le cahier des charges du tracteur de Dain était clair, il devait être léger pour s'aligner sur le petit tracteur de la Bull Tractor Company, de Minneapolis, dont le Little Bull était en tête des ventes nationales. Son prix ne devait pas dépasser 700 dollars, le Little Bull étant vendu 400 dollars.

En février 1915, le premier prototype était prêt pour les essais. C'était un intéressant engin à trois roues motrices pesant 1 800 kg. À l'origine, il était équipé d'un moteur Waukesha et d'une transmission par friction ; mais il s'avéra que le moteur était un peu juste en puissance et la transmission inefficace. Un deuxième, puis un troisième prototype fut construit et essayé. La transmission par friction avait été remplacée par une transmission par pignon dans le style de celle du modèle T, avec deux vitesses avant et deux vitesses arrière. L'ingénieur Walter McVicker avait été engagé pour étudier un nouveau moteur qui fut prêt à l'automne 1916 et donnait suffisamment de puissance. C'était un quatre-cylindres de 112,5 x 150 mm d'alésage x course, qui développait 24 ch à la poulie.

John Deere lança la production de cent de ces machines qui furent toutes vendues. Le futur du tracteur Dain semblait rayonnant, mais le destin s'acharna sur lui. Dain mourut de pneumonie avant que les cent exemplaires n'aient été produits et la dynamique du projet fut rompue. De plus, le directoire avait eu vent du projet de tracteur léger et bon marché de Ford, et savait que le Dain coûterait finalement 1 600 dollars, loin des 700 dollars prévus au départ. Finalement, John Deere apprit que la Waterloo Gasoline Engine Company était à vendre pour 2,3 millions de dollars. L'excellente réputation des modèles R et N, qu'elle produisait et vendait respectivement 985 dollars et 1 150 dollars, poussa John Deere, le 14 mars 1918, à racheter les avoirs de Waterloo et les droits du fameux Waterloo Boy, ainsi que la fonderie Waterloo, une filiale.

Prototype du Dain-John Deere
à transmission intégrale, 1916

Dès 1916, le troisième prototype du Dain-John Deere était opérationnel, équipé d'un moteur conçu par McVicker. Les essais furent concluants et la production en fut lancée, mais la mise en vente du constructeur du Waterloo Boy, le prix de revient trop élevé du Dain et la mort de Joseph Dain contribuèrent à la fin du Dain.

Dain-John Deere à transmission intégrale, 1917

En plus de sa transmission intégrale, le Dain offrait deux marches avant et deux marches arrière. Le levier de droite était relié à la barre de traction et le levier de gauche actionnait la boîte de vitesses. Le moteur Waukesha du premier prototype n'étant pas assez puissant, on confia l'étude d'un nouveau moteur à Walter McVicker. Ce Dain est l'un des deux derniers exemplaires encore en existence sur la centaine qui fut vendue dans la région de Huron, dans le Dakota du Sud en 1917. On ne sait pas ce que sont devenus les quatre-vingt-dix-huit autres. Celui-ci fut donné au Northern Illinois Steam Power Club, de Sycamore, dans l'Illinois, par F. L. Williams, aujourd'hui résidant à Sebastopol, en Californie. Bill Karl de Maple Park, dans l'Illinois, et membre du club, est l'opérateur de cet engin.

Waterloo Boy

Waterloo Gasoline Engine Company,
de Waterloo, Iowa

Le fameux Waterloo Boy était le descendant direct du tracteur Froelich de 1892. La Waterloo Gasoline Traction Engine Company, créée par Froelich et ses associés, ne révolutionna pas le monde du tracteur. Quand ses associés décidèrent de ne produire que des moteurs, Froelich quitta la compagnie. Deux tentatives de tracteurs furent mises en œuvre sans succès et il fallut attendre 1911 pour que les choses s'arrangent pour la Waterloo Gasoline Engine Company.

En 1911, A. B. Parkhurst, de Moline, dans l'Illinois, rejoignit la compagnie apportant avec lui des projets de tracteurs de sa conception. L'un d'entre eux était un moteur deux temps à deux cylindres opposés. Deux modèles furent construits avec ce type de moteur, le L à trois roues dont une motrice, et le LA à quatre roues dont deux motrices.

Le moteur à deux temps ne se révéla pas satisfaisant et l'expérience dans le domaine des moteurs à quatre temps poussa la compagnie à adopter un deux-cylindres à quatre temps. D'autre part la disposition des cylindres opposés s'avéra trop encombrante pour le châssis et on adopta un moteur à deux cylindres côte à côte. Alors que les cylindres opposés ont un cycle naturel équilibré, il en va tout autrement pour les cylindres parallèles. Si les deux cylindres fonctionnent en parallèle avec un allumage simultané, on obtient un cycle régulier, mais il faut alors prévoir un important équilibrage pour contrebalancer le couple. Si les cylindres fonctionnent en sens opposé, on n'a plus besoin d'équilibrage, mais le cycle devient irrégulier. Alors qu'International Harvester avait opté pour le fonctionnement en parallèle, Waterloo choisit l'autre solution, donnant un bruit très caractéristique à tous les Waterloo Boy et aux John Deere bicylindres qui suivirent – surnommés "Johnny Popper", que l'on pourrait traduire par "Jeannot-trois-pattes" ou "Jeannot-péteur". Certains prétendent que ce bruit atypique et reconnaissable entre tous, contribua au succès des tracteurs.

Équipé de ce nouveau moteur, le modèle LA devint le modèle R, construit de 1915 à 1919. Ses cotes initiales d'alésage et de course de 137,5 x 175 mm furent changées en 1915 passant à 150 x 175 mm, puis, à l'apparition du Modèle N en 1917, furent alignées sur les cotes de 162,5 x 175 mm du N. Le R avait une vitesse avant et une marche arrière entraînées par chaîne, et une direction par pivotement de l'essieu avant. Le N était la version finale du Waterloo Boy et se distinguait du R par les dimensions de son réducteur final dans les roues arrière. Sur le N, à deux vitesses, ce réducteur était le plus grand possible pour optimiser le couple, tandis que sur le R, à une seule vitesse, ce réducteur était bien plus petit. Après 1921, on adopta un système de direction emprunté à l'automobile et la production continua jusqu'en 1924.

On pense que le nom de Waterloo Boy faisait référence au terme "*water boy*", largement employé à l'époque pour désigner le gamin chargé de porter les seaux d'eau fraîche aux ouvriers sur les chantiers ou aux travailleurs dans les champs, car ces machines étaient souvent utilisées pour entraîner des pompes à eau. Inutile de dire que le "*water boy*" était le bienvenu par les chaudes journées d'été dans les grandes plaines.

Publicité pour le Waterloo Boy, 1917
Ci-dessus : "Les fermiers réclament à grands cris le Waterloo Boy", proclame cette publicité à l'adresse des concessionnaires.

Waterloo Boy, modèle R, années 1910
Page de droite : Le Waterloo Boy était le descendant direct du tracteur Froelich de 1892 et le prédécesseur des tracteurs John Deere. C'était le premier à utiliser un moteur à deux-cylindres côte à côte qui allait être la marque de fabrique des John Deere pendant plus de quarante années. Le modèle R fut construit de 1915 à 1919 et le N, avec sa transmission à deux vitesses et autres améliorations, arriva en 1917. Deere & Company racheta Waterloo en 1918 et le Waterloo Boy N continua sa carrière jusqu'en 1924, avec une production dépassant largement celles des modèles R et du modèle D, le premier John Deere bicylindre.

KEROSENE
WATERLOO

Waterloo Boy, modèle R, années 1910

À droite : Kenneth Kass, de Dunkerton, dans l'Iowa, ici aux commandes de son Waterloo Boy modèle R, exploite une ferme du centre-est de l'Iowa avec son père Art Kass. Celui-ci se souvient d'avoir travaillé avec un Waterloo Boy quand il était gamin. Il se souvient que l'essieu avant était articulé sur un axe pour assurer la direction et que la clavette qui le retenait avait tendance à s'user. Sous le coup d'un embrayage un peu raide, le nez du tracteur s'était soulevé et la clavette était tombée, faisant basculer le tracteur vers l'avant. Ce fut un long chemin jusqu'à la ferme pour ramener le cric et les outils avec un attelage pour réparer. Une fois fait, il fallut ramener l'attelage à la ferme et revenir à pied chercher le tracteur.

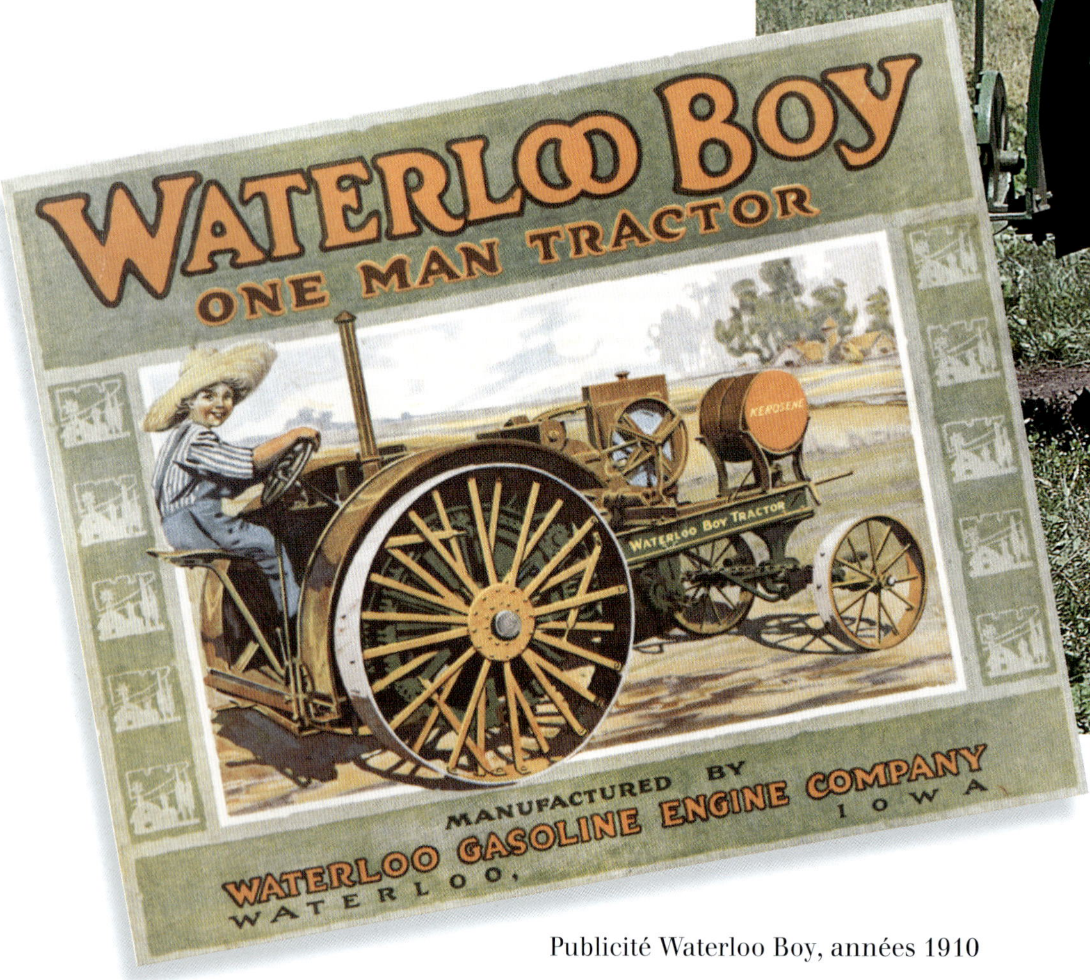

Publicité Waterloo Boy, années 1910

KEROSENE
WATERLOO BOY TRACTOR

Rumely OilPull

Advance-Rumely Thresher Company, de La Porte, dans l'Indiana

La lignée des tracteurs OilPull commença en 1909 quand le professeur Edward Rumely, petit-fils du fondateur de la compagnie, commença à travailler avec John Secor qui avait expérimenté des moteurs pendant plus de vingt ans. Ils développèrent une gamme de tracteurs à un et deux cylindres qui utilisaient l'huile, plutôt que l'eau, comme liquide de refroidissement. La température d'ébullition plus élevée de l'huile autorisait des températures de fonctionnement plus élevées et une meilleure efficacité des moteurs à pétrole à basse volatilité.

Les cylindres étaient éloignés du vilebrequin pour réduire la force latérale des pistons. L'injection d'eau consommait parfois autant d'eau que de pétrole. L'huile de refroidissement circulait sous l'effet d'une pompe centrifuge et les gaz d'échappement étaient utilisés pour créer une circulation d'air dans le radiateur en forme de cheminée. Une magnéto haute tension était utilisée,

Publicité Rumely OilPull, 1928

L'OilPull était "le symbole de la puissance et de la fiabilité", selon cette publicité.

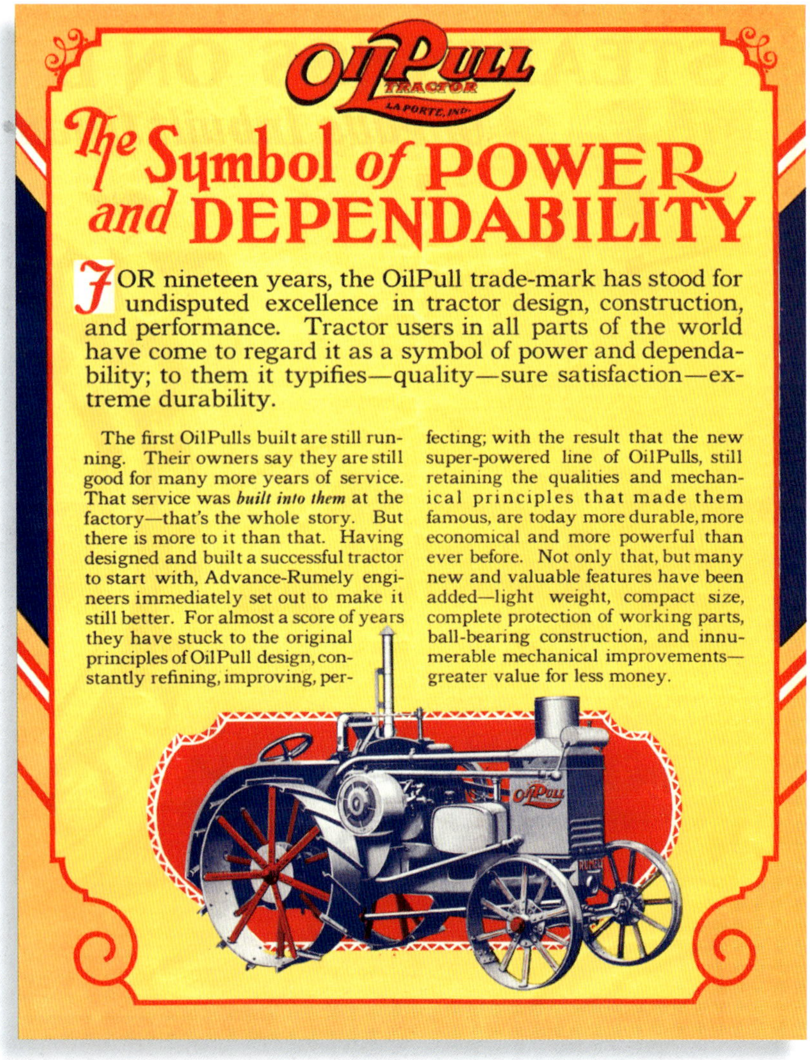

sauf sur les premières versions. La transmission à une, deux ou trois vitesses se faisait *via* un embrayage à expansion et un double pignon final.

Les OilPull se singularisaient par leur énorme cylindrée et leur régime très bas, ce qui leur permettait de dépasser largement leurs capacités officielles et les rendait encore plus précieux aux yeux de leurs propriétaires.

Au fil des ans, Rumely construisit une large variété de modèles et de versions, comprenant les 25/45 Type B de 1910 à 1914 ; le monocylindre 15/30 Type C de 1911 à 1917 ; le monocylindre 18/35 Type D de 1918 ; le 30/60 Type E de 1911 à 1923 ; le 14/28 Type F de 1918 à 1919 ; le 16/30 Type F de 1919 à 1924 ; le 20/40 Type G de 1920 à 1924 ; le 12/20 Type K de 1919 à 1924 ; le 25/45 Type R de 1924 à 1927 ; le 20/35 Type M de 1924 à 1927 ; le 15/25 Type L de 1924 à 1927 ; le 30/60 Type S de 1924 à 1928 ; le 20/30 Type W de 1928 à 1930 ; le 30/50 Type Y de 1928 à 1930 ; et le 40/60 Type Z de 1929 à 1930.

Advance-Rumely Type Z, 1929

Donné pour 40 ch à la barre et 60 ch à la poulie, le Type Z utilisait de l'huile pour le refroidissement de son moteur en raison de sa température d'ébullition plus élevée. Cette température permettait une meilleure combustion du pétrole. Propriétaire, Don Wolf.

Magazine OilPull, 1928

À gauche : Le magazine publié par Advance-Rumely pour les propriétaires dans les années 1920 incluait toutes sortes de rubriques allant des astuces pour le travail de la ferme à la poésie champêtre.

Advance-Rumely OilPull Type G, 1923

Ci-dessus et à droite: le 20/40 Type G fut présenté en 1920 et sa production s'étala jusqu'en 1924. Comme tous les Rumely, il était refroidi par huile, les gaz d'échappement produisant un courant d'air dans le radiateur en forme de cheminée. Propriétaire, Glen Brown.

HART
PARR
HART
FOUNDERS
TRACTOR
CHARLES
HART-PARR

CHAPITRE 3

Les débuts du tracteur léger (1913-1935)

"Je pense qu'il est sain d'éliminer le cheval, la mule, les bœufs et la femme, en tout cas en ce qui concerne la production de puissance motrice."
(W. L. Velie, directeur de Deere & Company, 1918)

Hart-Parr 30 A, 1920
Photo principale : le 30 A de 1920 était une avancée par rapport aux premiers tracteurs refroidis à l'huile de Hart-Parr. C'était le premier d'une lignée de tracteurs relativement légers refroidis par eau construits à l'usine de Charles City, dans l'Iowa.

Publicité Fordson, années 1920
Ci-dessus : Henry Ford qualifia lui-même sa création de "tracteur moderne" et pour l'époque, le Fordson était vraiment révolutionnaire.

L'âge de la légèreté

La décade qui précéda la première guerre fut une période d'expérimentation durant laquelle l'industrie cherchait ses marques. Les routes, les automobiles, les tracteurs, les carburants, tous développés simultanément, arrivèrent à un degré d'efficacité suffisamment pratique. Bien qu'expérimentée aux États-Unis, l'aviation se développa surtout en Europe. L'électricité arriva dans les villes, donnant aux citadins le goût du confort moderne et creusant un fossé entre eux et leurs cousins de la campagne. Avec l'avènement de l'automobile, les habitants des campagnes étaient toutefois moins isolés. La Grande Guerre eut un effet fédérateur entre les citadins et les ruraux, chacun comptant sur l'autre pour la survie de tous. L'entrée en guerre des États-Unis leur fit aussi prendre conscience qu'ils n'étaient pas si isolés qu'ils l'avaient cru du reste du monde.

Dans les quinze premières années du tracteur à pétrole, deux caractéristiques les distinguaient : ils ressemblaient aux tracteurs à vapeur et, comme eux, devinrent de plus en plus gros. Alors que le tracteur Froelich était relativement compact – il affichait 20 ch pour un poids de 1 800 kg -, la taille moyenne des autres tracteurs s'alignait sur le monstrueux Avery 40/80 de près de 10 tonnes !

Les fameux essais de tracteurs de Winnipeg, dans le Manitoba (Canada), en 1913, mirent l'accent sur les performances de labour horaire des gros tracteurs. Le Titan d'International Harvester, avec ses 9 450 kg, labourait un hectare par heure ; un résultat impressionnant si vous cultiviez dans les grandes plaines ou sur une des immenses plantations de Californie. Mais dans les années 1900, deux tiers des fermiers américains exploitaient moins de seize hectares. Une fois que le fermier avait récolté assez de foin pour un attelage de chevaux ou de mules et quelques vaches, il ne restait plus grand espace à cultiver. De toute façon, la plupart des fermiers ne pouvaient même pas envisager financièrement de passer à la mécanisation.

En 1913, plusieurs facteurs se combinèrent pour changer la condition des petites exploitations. Le premier fut le regroupement des petites surfaces en grandes unités d'exploitation et le second fut l'ouverture des grandes plaines aux pionniers auxquels on allouait soixante-quatre hectares chacun.

Finalement, en 1913, un tracteur fit sensation, le Little Bull, dont le prix de vente de 335 dollars, était à peu près celui d'une bonne paire de chevaux !

La Bull Tractor Company avait présenté son tracteur léger Little Bull à la Foire d'État du Minnesota, de 1913. Le Little Bull avait une seule roue motrice à droite, une roue libre de même taille à gauche et une unique roue directrice à l'avant, alignée sur la roue arrière droite. La roue motrice et la roue directrice roulaient dans le sillon précédemment labouré, un système de mise à niveau réglant la roue libre de gauche pour garder une assiette horizontale au tracteur en toutes circonstances. Avec son moteur à deux cylindres horizontaux opposés, de 12 ch, et ses 1 350 kg, il mit le petit monde du tracteur agricole en émoi ; et à la fin de 1914, la Bull Tractor Company avait vendu plus de quatre mille exemplaires, ravissant la place de premier constructeur à la puissante International Harvester Company. Mais la prospérité de la toute jeune firme Bull fut de courte durée. Au bout d'une année, la plupart des clients clamaient qu'ils s'étaient fait avoir. Le Little Bull n'avait pas été suffisamment testé et après un début encourageant, il montrait rapidement ses faiblesses avec le temps et l'usage intensif. Le Big Bull fut lancé en 1915. Il reprenait la même configuration, mais avait un moteur de 20 ch et des composants plus robustes. À partir de 1917, la puissance passa à 24 ch et la roue gauche devint motrice à son tour. C'est à ce moment-là que Massey-Harris s'intéressa aux droits de production du Big Bull.

Chronologie

1912 : naufrage du Titanic dans l'Atlantique

1913 : l'impôt fédéral adopté comme sixième amendement

1915 : Albert Einstein publie sa théorie de la relativité

1915 : le paquebot civil Lusitania coulé par un sous-marin allemand

1916 : révolution mexicaine, Pancho Villa attaque Columbus, au Nouveau-Mexique

1919 : le traité de Versailles met fin à la Première Guerre mondiale

1923 : le colonel Schicks fait breveter le premier rasoir électrique

1929 : krach boursier de Wall Street

1931 : inauguration de l'Empire State building

1932 : Franklin Delano Roosevelt, président des États-Unis

1933 : Hitler arrive au pouvoir en Allemagne

1935 : adoption de la loi sur la sécurité sociale

Bull, 1913
En 1913, la Bull Tractor Company, de Minneapolis présenta son Bull dont la conception légère influença durablement l'industrie du tracteur. Le Bull avait une seule roue motrice sur le côté droit et une roue libre à gauche, évitant le recours à un différentiel. La structure tricycle permettait d'aligner la roue avant directrice avec la roue droite motrice. Le moteur était un deux-cylindres horizontal de 5 ch à la barre et 12 ch à la poulie.

Bull, 1913
Deux photos ci-dessus : Le Bull ou Little Bull, comme on l'appela par la suite, secoua l'industrie du tracteur par sa légèreté (1 350 kg) et son prix modique (335 dollars). Le tracteur avait un moteur bicylindre de 5/12 ch et une configuration tricycle avec une seule roue motrice et une roue libre à l'arrière. Le modèle fut amélioré et devint le Big Bull en 1915 avec les deux roues motrices et une puissance accrue. Malgré son impact sur l'industrie du tracteur, la firme Bull ne survécut pas au-delà de 1917. Ce Little Bull est exposé au Heritage Hall Museum, de Owatonna, dans le Minnesota. Propriétaire, Bill Thelemann.

Des problèmes de production amenèrent la Bull Tractor Company à la faillite. Quoi qu'il en soit, le Bull avait marqué les esprits et une pléthore de petits tracteurs inonda le marché. Certains étaient des copies éhontées du Little Bull, comme le modèle 10/20 de Case, le Little Devil de Hart-Parr, le 10/18 d'Allis-Chalmers, le Happy Farmer de la La Crosse Tractor Company, de La Crosse, dans le Wisconsin, le L 12/20 d'Emerson-Brantingham Implement Company, de Rockford, dans l'Illinois, ou le Light Four de Huber Manufacturing Company, de Marion, dans l'Ohio. Certains étaient de bonne qualité, d'autres non. Certains n'étaient pas vraiment légers, comme le Wallis Cub de 1,8 tonne, le Titan de 2,5 tonnes d'International Harvester ou le Waterloo Boy de 2,7 tonnes. Les tracteurs de cette catégorie, plus chers, étaient cependant de nature à donner entière satisfaction à leur propriétaire.

Un intéressant tracteur léger fit son apparition à cette époque, l'Universal, que dévoila l'Universal Tractor Company, de Colombus, dans l'Ohio, en 1913. Les droits de l'Universal furent rapidement acquis, en 1915, par la Moline Plow Company, de Moline, dans l'Illinois, qui popularisa l'engin. Des copies de l'Universal furent aussi construites par Allis-Chalmers sous la forme du modèle 6/12, et par L'Indiana Silo & Tractor Company, d'Anderson, dans l'Indiana, sous le nom d'"Indiana".

International Harvester 8/16, 1918
Le tracteur léger 8/16 d'International Harvester ressemblait plus à une automobile qu'à un tracteur.

International Harvester 8/16, 1919
Construit de 1917 à 1922, ce tracteur était équipé d'un quatre-cylindres (100 x 125 mm) à soupapes en tête emprunté au camion modèle G d'International Harvester. En fait, toute la structure était empruntée au camion y compris le radiateur derrière le moteur.

Happy Farmer, années 1910

Ci-dessus et en bas à gauche : La Happy Farmer Tractor Company fut constituée en 1915 avec son siège à Minneapolis, tandis que la plupart des tracteurs étaient construits à La Crosse, dans le Wisconsin. Ce fut l'un des premiers tracteurs vraiment légers. Son moteur était un deux-cylindres de 4 177 cm³. Propriétaire, Wendell et Charlene Shellabarger.

Publicité Happy Farmer, 1917

Moline Universal, modèle G, années 1910

La Moline Plow Company se lança dans le tracteur agricole après qu'elle eut acheté l'Universal Tractor Company, de Colombus, dans l'Ohio, en 1915. En s'appuyant sur les expériences de la firme, Moline apporta une machine vraiment originale, le Moline Universal. Propriétaire, Walter Keller.

Allis-Chalmers 6/12, 1919

Construit en 1919, le 6/12 était une copie sans licence du Moline Universal, ce qui amena Moline à demander des droits à Allis-Chalmers. Le 6/12 exigeait d'être attelé à un outil pour supporter la partie arrière. La direction se faisait par une articulation entre les deux. Propriétaire, Norm Meinert.

Case 10/20, 1918

Comme le Bull, le Case avait une seule roue motrice, une roue guide à l'avant à droite et une roue libre à gauche qui pouvait être embrayée pour plus de traction. Le premier quatre-cylindres de Case fut proposé de 1915 à 1922.

Wallis, modèle K, 1919

La Wallis Tractor Company, de Racine, dans le Wisconsin, produisait le modèle K qui était vendu par son voisin J. I. Case Plow Works. Ce modèle a été photographié à l'école de Colfax qui fait partie du Old Midwest Thershers Museum de Mount Pleasant dans l'Iowa. Propriétaire, Alan Buckert.

Hart-Parr Little Devil, années 1910

Le Hart-Parr Little Devil fut construit de 1914 à 1916 et était propulsé par un moteur deux-cylindres deux temps de 22 ch via une unique roue motrice. Ce fut l'un des Hart-Parr les moins vendus.

Massey-Harris Parrett N° 2, 1920

Massey-Harris commercialisa trois versions du fameux tracteur Parrett entre 1918 et 1923. Le siège de la Parrett Tractor Company était à Chicago mais la fonderie est estampillée MH, ce qui semble indiquer des retouches mécaniques et une construction canadienne. Le moteur quatre-cylindres Buda développait 12/22 ch. Rich Holicky a acheté ce tracteur au Canada à son précédent propriétaire qui avait trouvé ce N° 2 dans un bosquet sur le terrain qu'il venait d'acheter. Propriétaires: Rich et Joyce Holicky.

Universal

Universal Tractor Company, de Colombus, dans l'Ohio
Moline Plow Company, de Moline, dans l'Illinois

Publicité Moline Universal, 1917
Moline tenta de vendre son Universal en comparant ses aptitudes face au travail avec un cheval et à la traction animale.

Peu de Moline Universal arrivèrent jusqu'aux fermes, mais l'engin marqua néanmoins l'approche du tracteur agricole. Il fut à l'origine des tracteurs polyvalents et de la liaison entre outil et tracteur qui devait mener au système universel d'attelage à trois points.

L'Universal Tractor Company des origines développa le premier tracteur à tout faire en 1913, un tracteur qui pouvait effectuer toutes les tâches des chevaux à la ferme. Jusque-là, les autres tracteurs ne pouvaient que tirer un outil de scarification et actionner d'autres machines avec leur poulie. L'Universal pouvait labourer, herser, planter, cultiver, faucher, râteler, moissonner, tirer un épandeur et travailler à poste fixe avec sa poulie. L'Universal était un tracteur léger de 1,6 tonne avec deux roues encadrant le moteur. L'opérateur et les outils étaient positionnés derrière, les roues de l'outil tenant l'avant-train en équilibre et permettant au conducteur de s'asseoir. La direction était assurée par une articulation à crémaillère, située entre le tracteur et l'outil et actionnée par un volant.

En 1915, la Moline Plow Company acheta les droits de l'Universal. Son bicylindre était peu fiable et peu puissant et le centre de gravité du tracteur, trop haut, le rendait instable. De plus, il était cher. Autant de défauts que la firme Moline allait s'attacher à corriger.

Moline Universal, modèle D, 1918
Ci-dessus et à droite : Le modèle D était une version améliorée des premiers modèles. Il avait un moteur quatre-cylindres développant 27 ch à 1 800 tr/min, des masses de roues en béton, un démarreur, des phares et un équipement électrique. Il fut construit de 1918 à 1923. Son poids avec les masses en béton grimpait à 1,35 tonne. Propriétaire, Sue Dougan.

En 1918, Moline lança l'Universal modèle D, équipé d'un quatre-cylindres plus puissant, à soupapes en tête, de 27 ch, bien que le tracteur n'ait été crédité que de 9 ch à la barre et de 18 à la poulie. L'abaissement du centre de gravité fut obtenu grâce à des masses de roues en béton, et la motricité fut améliorée grâce à l'un des premiers différentiels autobloquants. Démarreur et équipement électrique étaient montés en série, ainsi qu'un régulateur électrique. La garde au sol de 75 cm autorisait la culture en ligne, une tâche à laquelle ne pouvaient prétendre les autres tracteurs.

En plus de sa transmission à une seule vitesse, l'un des handicaps de l'Universal était son prix élevé. À 1 325 dollars, il était trois fois plus cher que le Fordson. De fait il était plus cher que ses concurrents John Deere ou International Harvester, et il fallait en outre acheter des outils spécifiques. Son prix fut à l'origine de sa déroute et il ne survécut pas à la guerre des prix des années 1920. En 1923, l'innovant Universal n'était déjà plus qu'un jalon dans l'histoire du tracteur.

Moline Universal, modèle C, années 1910

Le Moline Universal, modèle C était équipé d'un bicylindre très fiable, mais un peu juste en puissance, et son successeur, le modèle D, opta pour un quatre-cylindres. La direction était assurée par un pivot central à crémaillère ce qui amenait parfois l'ensemble tracteur/outil à plier par le milieu.

Canard à trois pattes, bidouilles et autres bricolages : les tracteurs faits maison

"Ne laissez pas votre vieille Ford ou Chevrolet rouiller pour rien. Servez-vous-en pour construire un tracteur polyvalent robuste qui aura la force de travail de deux à quatre chevaux pour le prix d'un seul."
(Catalogue Sears Roebuck, 1939)

En 1915, un tracteur coûtait entre 400 et 4 000 dollars, la qualité augmentant avec le prix. Le Titan d'International Harvester valait 900 dollars en 1914 et le Waterloo Boy 12/25 modèle N un peu moins de 1 000 dollars en 1916. Les deux machines étaient fiables, mais représentaient une montagne d'argent pour un petit fermier. En 1915, la Ford T d'Henry Ford était vendue pour la somme plus que modique de 450 dollars. C'était la voiture la plus populaire des campagnes et elle avait complètement modifié le style de vie des fermiers. C'était leur voiture préférée en partie à cause de son prix, mais aussi parce qu'elle était robuste et fiable et pouvait s'accommoder sans mal de la boue et des ornières des routes de campagne où les voitures de luxe s'embourbaient. C'était aussi leur voiture préférée parce qu'Henry Ford était un héros pour la plupart de ces gens. Ford savait parfaitement qu'il était tenu en haute estime par les fermiers et passait son temps à leur prouver que la modèle T avait été faite pour eux. Une photo très largement diffusée le montrait en train de couper du bois avec une scie circulaire actionnée par une courroie entraînée par la roue arrière, soulevée par un cric, d'une Ford T. Cette méthode d'entraînement était largement utilisée pour les écrémeuses, les coupe-raves et les moulins de toutes sortes.

Avec de tels exemples d'utilisation à la ferme, il était inévitable que d'astucieux inventeurs aillent plus loin pour faire réaliser le travail d'un tracteur par l'incontournable Ford T. L'idée était de proposer des kits d'adaptation pour transformer la Tin Lizzie (le surnom de la Ford T) et lui permettre de tracter des outils. Puis, le dimanche, elle pouvait redevenir la voiture qui emmène la famille à l'église locale. Ces conversions, d'usine ou artisanales, étaient affectueusement surnommées "bombes volantes", "fout-la-trouille" ou encore "saute-flaques".

Quarante-cinq conversions d'usine étaient répertoriées dans le seul Chilton's Tractor Index de 1919, et d'autres existaient ailleurs. De toutes, aucune n'était vraiment la conversion rêvée. On pouvait à la rigueur les considérer comme des tracteurs d'appoint, mais toutes souffraient des défauts inhérents à la Ford T, qui n'avait pas été conçue pour tirer de lourdes charges, comme une charrue au labour. Pour les travaux légers de remorquage ou de ratissage, elles se comportaient plutôt bien. Alors que la

Brochure Staude Mak-A-Tractor, 1918
La E. G. Staude Manufacturing Company, de Saint Paul, dans le Minnesota, affirmait avoir réuni les témoignages, constatés par huissiers, de trois cent soixante-trois fermiers de tous les États-Unis qui louaient le kit de conversion de la firme permettant de transformer une automobile en un tracteur. Les kits de conversion de ce type étaient monnaie courante dans les années 1910 et 1920.

Publicité Smith Form-A-Tractor, 1917

"Tout ce qu'il vous faut pour construire votre propre tracteur c'est un kit Smith Form-A-Tractor de 255 dollars", clamait cette publicité, et aussi "une automobile ou un camion Ford", en plus petit. La firme Smith Form-A-Tractor était basée à Chicago.

plupart de ces conversions proposaient des réducteurs pour de grandes roues arrière, l'embrayage à friction restait le point faible. C'était en tout cas le premier tracteur à proposer le rétrogradage, un avant-goût du Torque Amplifier (amplificateur de couple) des Farmall de la fin des années 1950.

Disposant de liquidités insuffisantes pour acheter un vrai tracteur, le fermier devait trouver des solutions de remplacement. On fabriquait donc des "bitza" avec ce qu'on avait sous la main. La Ford modèle A était une base de choix, mais d'autres marques – ou combinaisons de marques – étaient possibles. Un camion Ford modèle A raccourci pouvait être transformé en tracteur pour 255 dollars. La motricité posait parfois problème, mais un bac rempli de béton sur le pont arrière résolvait le problème. Seul le premier rapport était utilisable aux champs et en raison du freinage limité, on n'utilisait que le second sur route. Dans le meilleur des cas, la maniabilité était problématique. Une seconde transmission permettait d'obtenir une gamme de rapports mieux adaptés et un meilleur couple pour surmonter les résistances en cas d'inattention.

Souvent, ces tracteurs maison donnaient des années, voire des décennies, de bons et loyaux services à leurs ingénieux concepteurs. Beaucoup de ces machines n'étaient que des "bouche-trous" en attendant de pouvoir s'acheter un vrai tracteur. D'autres étaient des machines bien construites, qui s'élevaient au-dessus de la valeur de leurs composants disparates pour devenir des légendes dans leur communauté rurale, assurant le respect au fermier qui avait su renoncer au tracteur de grande série. D'une façon ou d'une autre, elles montraient en tout cas aux grandes firmes qu'il y avait un marché pour les petits tracteurs légers.

"Bombe volante"

Construit aux environs de 1936, le tracteur Mogg était plus raffiné que ses nombreux concurrents – il avait des phares et un pare-chocs. C'était la création d'un certain Peter Mogg, un concessionnaire automobile de Mount Pleasant, dans le Michigan. Le gendre de Mogg, Harold Taylor, est au volant. (Collection Donald A. Tietz)

"Bombe volante", années 1910

C'était le destin de la plupart des tracteurs artisanaux… qu'ils reposent en paix. De telles machines étaient monnaie courante, de l'apparition de la Ford T jusqu'aux années 1950. La plupart étaient construites sur la base de camions raccourcis, parfois avec deux transmissions en série pour gagner de la réduction, mais en général le premier rapport seul servait à toutes les tâches.

New Deal, 1910

Ci-dessus : Le New Deal était une sorte de bricolage fabriqué à l'usine à partir de composants de Ford T. Il n'en fut construit qu'une centaine par la New Deal Tractor Company, de Wyoming, dans le Minnesota, et il n'en resterait que six. Propriétaire, Dean Zilm.

Tracteur Sears Roebuck Economy, 1941

À gauche : Jusqu'à une date aussi récente que 1941, le fameux catalogue de vente par correspondance Sears Roebuck and Co continua d'offrir des kits pour "bombe volante". Fondamentalement, le tracteur Economy était une Ford A transformée en tracteur. Sears offrait également un kit de conversion "économique" pour construire son propre tracteur.

La décade du Fordson (1918-1928)

"Le fermier devra avoir recours à la puissance ou disparaître."
(*Ma vie, mon œuvre*, Henry Ford, 1926)

À la déclaration de la première guerre, en 1914, l'armée réquisitionna tous les chevaux disponibles pour l'effort de guerre, ce qui provoqua un accroissement de la demande de tracteurs agricoles, les fermiers américains devant fournir la nourriture d'une bonne partie du monde. Beaucoup d'entre eux étant également enrôlés, une aide mécanique à la ferme devenait nécessaire. Les firmes de tracteurs se multiplièrent. En 1917, après l'entrée en guerre officielle des États-Unis, la production de tracteurs doubla. Au même moment, quelque quatre-vingt-cinq nouveaux constructeurs arrivèrent sur le marché, portant le nombre total de constructeurs en Amérique à plus de deux cents. Parmi cette myriade de machines, un tracteur sortait du lot, à tel point qu'on peut même en fait le considérer comme l'un des événements majeurs de l'histoire du tracteur, le Fordson.

Henry Ford fonda la Ford Motor Company en 1903 et lança sa révolutionnaire Ford T en 1908. Puis, il décida de se lancer dans la production d'un tracteur agricole.

Fidèle à sa théorie selon laquelle le poids était l'ennemi de tout engin à moteur, son premier tracteur, fabriqué à partir de pièces automobiles, ne pesait que 900 kg, à peu près un dixième du poids des tracteurs de l'époque. Ce tracteur, que Ford baptisa la "charrue automobile", s'avéra de fait trop léger pour la motricité et l'endurance. Mais les expérimentations de la charrue automobile continuèrent encore quelques années, sans donner naissance à un modèle de production. De nouveaux tracteurs furent ensuite essayés, qu'on identifie généralement par le nom de l'ingénieur responsable de leur développement, comme le Joe Galamb de 1914 ou l'Eugene Farkas de 1916.

Chaîne d'assemblage du Fordson, années 1920

Une fois les détails de production mis au point, les Fordson commencèrent à sortir de chaîne à un rythme jamais imaginé par aucun constructeur de tracteurs.

1914 fut une année décisive pour Ford et en fait pour le monde, lorsqu'il adopta la production en chaîne, faisant chuter le prix de la Ford T qui devint accessible aux masses. La même année débutait la Première Guerre mondiale en Europe.

En Angleterre, la guerre déclencha un besoin immédiat en tracteurs, et le ministère de la Guerre (MOM pour Ministry Of Munitions) demanda à Ford de lui envoyer les six mille premiers tracteurs Farkas que produirait la nouvelle compagnie Henry Ford & Son. Ford s'attela au travail et mit aussitôt à l'essai des prototypes de préproduction. En septembre 1917, alors que les essais continuaient, les Anglais envoyèrent lord Northcliffe demander à Ford d'arrêter les modifications et de lancer la production. Le premier tracteur de production était livré au MOM le 8 octobre 1917. À la fin de l'année, deux cent cinquante-quatre en avaient été construits. Le *Daily Mail* affirma que les tracteurs de Ford étaient une bonne nouvelle pour la Grande-Bretagne, les qualifiant de "magnifiques instruments de guerre". Le lent démarrage de la production s'accéléra et les six mille tracteurs MOM (on ne les appelait pas encore Fordson) étaient tous livrés dans les soixante jours qui suivirent.

Henry Ford & Son se tourna vers la production intérieure et le nom "Fordson" apparut en relief sur le haut du radiateur. Le nom, une contraction de Ford & Son utilisée en sténographie, avait attiré l'attention d'Henry Ford et devint l'une des marques les plus connues au monde. En 1918, trente-quatre mille Fordson avaient été produits.

De la même manière qu'il avait étonné la planète avec sa Ford T, Ford venait de prendre tout le monde de court avec son Fordson. C'était un tracteur léger et bon marché, non pas pour remplacer les gigantesques tracteurs à vapeur, mais la mule, le bœuf ou le cheval de la multitude de petites fermes. Il arrivait au bon moment avec le bon prix (785 dollars), et le Fordson devint la Ford T des tracteurs. En 1920, le Fordson représentait 70 % du marché.

Publicité du Samson, modèle M, 1918

Le Fordson devint "le" tracteur des années 1920 et les autres compagnies se mirent à copier le concept. Pour entrer sur le marché du tracteur agricole le grand rival de Ford, General Motors de Pontiac, dans le Michigan, racheta la société Samson Tractor Company, de Stockton, en Californie, et délocalisa sa production à Janesville, dans le Wisconsin, où fut lancée une copie du Fordson, le Samson, modèle M, en 1918. Il n'atteignit jamais les records de production du Fordson et GM se retira discrètement du marché agricole.

Prototype Fordson, 1917

Henry Ford & Son, de Dearborn, dans le Michigan, construisit seize prototypes, suite à la commande de six mille tracteurs par le ministère de la Guerre britannique. Ils furent construits par paires en 1917 pour les essais, chaque paire apportant des améliorations jugées nécessaires par les précédents essais. Ces tracteurs avaient été dessinés par Eugene Farkas et étaient de construction unitaire, le moteur, la transmission et le pont arrière formant un carter unique servant de châssis. Le moteur était un quatre-cylindres Hercules de 4 111 cm³ et le pont arrière comportait un réducteur à vis sans fin. Ce n'était pas encore des Fordson, le nom n'apparaissait nulle part et n'allait arriver qu'après la fin de la livraison au ministère de la Guerre anglais. Propriétaire, Duane Helman.

Fordson

Henry Ford & Son,
de Dearborn, dans le Michigan

Le Fordson fut indéniablement le tracteur le plus important de son époque. Avec sept cent cinquante mille exemplaires produits aux seuls États-Unis entre 1917 et 1928, le Fordson était si populaire qu'il fixa l'image du tracteur tel qu'il devait être. Avant cela, un tracteur ressemblait au Waterloo Boy ou au Titan d'IHC.

Le Fordson F fut le premier tracteur fabriqué aux États-Unis et en Irlande. Il était autoporteur, le carter englobant le moteur, la transmission et le pont arrière et formant un ensemble rigide qui servait de châssis. Il pesait à peine plus de 1 200 kg et son quatre-cylindres de 4 111 cm^3 fournissait 10 ch à la barre et 20 à la poulie. Il offrait une transmission à trois rapports là où la concurrence n'en offrait que deux. Au fil des ans, son prix oscilla entre 395 et 785 dollars, la moyenne s'établissant à 500 dollars.

Lorsque Ford eut transféré toute la production à Cork, en Irlande, en 1928, le Fordson fut produit dans la même configuration en Irlande, puis en Angleterre avec quelques modifications mineures sous le nom de Fordson modèle N, jusqu'en 1946 ! Et son moteur se retrouva dans le Fordson Major E 27 N britannique, qui lui succéda après la guerre.

Il est évident que le Fordson F avait quelques défauts. Sa magnéto haute tension le rendait difficile à démarrer ; il avait une fâcheuse tendance au cabrage en traction ; et son pont arrière à vis sans fin faisait un bruit d'enfer reconnaissable à des kilomètres à la ronde.

Quoi qu'il en soit, il permit à la plupart des fermiers américains, canadiens et anglais d'accéder à la mécanisation. Il était particulièrement apprécié en Angleterre où il avait sauvé le pays de la famine pendant les deux guerres mondiales. Il n'était pas aussi adulé en Amérique où les fermiers mirent leur vieux Fordson au rebut sans regret, pour se jeter sur les nouveaux "row-crop" des années 1930.

Brochure Fordson, années 1920

Fordson, modèle F, 1918

Fordson, modèle F, 1918

Au-dessus et à gauche : Le modèle F fut le premier Fordson et le premier tracteur produit par Ford pour l'usage des Américains. Pour en acheter un pendant la Première Guerre mondiale, le fermier devait obtenir une autorisation du comité de guerre de son comté. Le premier fut accordé à un proche ami de Ford, le botaniste Luther Burbank. Le Fordson F était identique au modèle fourni pour l'aide alimentaire à la Grande-Bretagne, mais son moteur Hercules fut rapidement remplacé par un moteur Ford. Les premiers Fordson se reconnaissent à "l'échelle" sur le côté du radiateur. Propriétaire, Duane Helman.

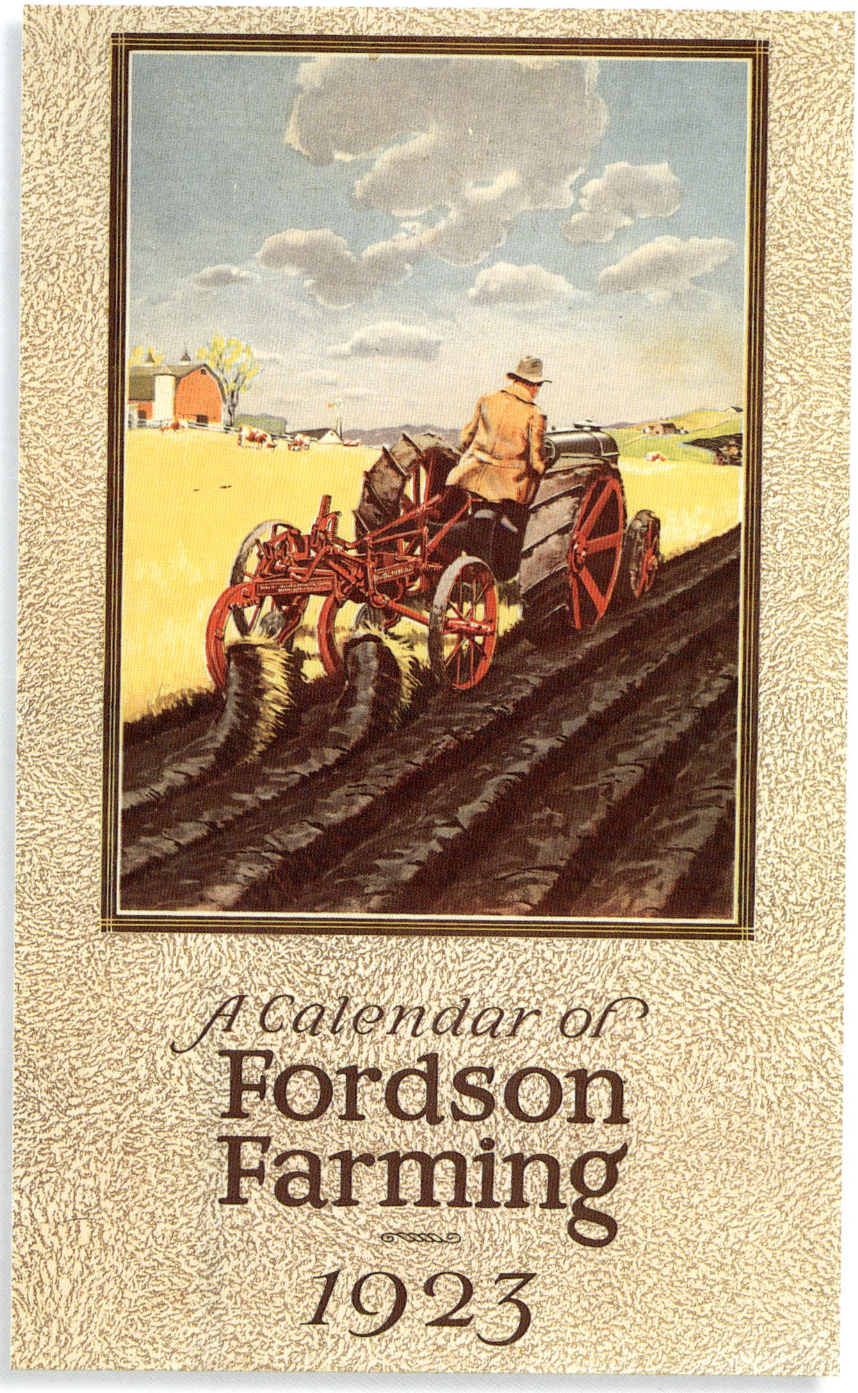

Calendrier Fordson, 1923

L'histoire d'Henry Ford : un garçon du Middle West qui a réussi

"Par les rêves qu'il avait, qu'il poursuivit et qu'il concrétisa,
le fardeau du travail passa des épaules des humbles à l'acier et aux roues."
(Edgar A. Guest, oraison funèbre d'Henry Ford, 1947)

Si vous êtes né avant 1940 vous savez ce que représente Henry Ford. Il était censé être l'homme le plus riche du monde, il possédait la Ford Motor Company, il construisait des voitures, des avions, des tracteurs et des camions, il était respecté dans les milieux politiques et faillit même devenir Président des États-Unis.

Si vous êtes né après 1940, vous ne savez pas forcément grand-chose de l'homme Ford. Vous ne savez peut-être pas que la Ford Motor Company, fondée en 1903, était sa troisième tentative. Les deux premières avaient échoué (quoique sa deuxième tentative fût reprise et devint Cadillac). Vous ne savez probablement pas qu'Henry Leland avait renvoyé Ford de sa seconde compagnie. Leland devait plus tard fonder la marque automobile Lincoln. Lorsque celle-ci s'effondra au début des années 1920, Henry Ford en prit le contrôle et renvoya à son tour Leland.

De telles histoires sur Henry Ford ont rempli des livres. Mais il y avait en Ford deux hommes. C'était un personnage acariâtre qui se prenait pour un philosophe, et c'était aussi un manuel et un mécanicien de talent. Comme beaucoup d'autres qui s'élevèrent au-dessus de leurs pairs, le génie de Ford résidait dans sa capacité à s'entourer de suiveurs de talent qui réalisaient ses rêves.

Il était né en 1863, de parents immigrants irlandais, dans une ferme prospère du Michigan, pas très loin de Detroit. Lorsqu'il mourut en 1947, ses funérailles furent à l'origine d'un gigantesque embouteillage dans les rues de Detroit. Des rues qui avaient vu leur première voiture, une Ford, cinquante et un ans plus tôt. Tels étaient les bouleversements qu'il avait apportés au cours de ses quatre-vingt-trois ans de vie. Le *Times magazine* écrivait : "Plus que tout autre au cours du XXe siècle, Ford changea le mode de vie des gens. Il le fit en trouvant le moyen de mettre entre leurs mains un instrument utile pour un prix de plus en plus bas, montrant par là le chemin pour offrir d'autres instruments tout aussi utiles au plus grand nombre."

Bien que son père n'ait cessé d'essayer de l'intéresser aux travaux des champs, Henry n'y prit jamais goût. Il s'intéressait avant tout à la mécanique et devint ingénieur chez Edison Illuminating Company, à Detroit. Il vivait dans un appartement de location à Detroit avec sa femme Clara et son fils Edsel. Henry bricolait pendant ses pauses au travail, dans son atelier et dans la cuisine à la maison. Il fabriqua un moteur à deux cylindres avec des bouts de tuyaux et d'autres matériaux qu'il trouvait ou créait. Il fixa le moteur à l'évier et, tandis que Clara versait de l'essence à l'admission, Henry lança le volant moteur, démarrant ainsi le premier moteur Ford à deux pas du berceau du petit Edsel. Il installa rapidement le moteur dans une automobile qu'il baptisa "Quadracycle", car elle ressemblait à deux bicyclettes côte à côte avec une caisse au milieu. La porte de la maison étant trop petite pour la sortir, il élargit l'ouverture à la hache. Il était près de minuit lorsque Henry, suivi par un ami à bicyclette, partit pour son premier essai.

Ford construisit plusieurs modèles de voitures avant d'arriver à celle qui allait lui apporter la fortune et le rendre célèbre, la Ford T, qui fit ses débuts en 1908. Au début, le modèle T n'était ni populaire ni bon marché, mais à partir de 1914, Ford mit en place la construction à la chaîne qui amena la voiture à devenir la moins chère. Il conquit rapidement 50 % du marché américain et en dix-neuf années il produisit quinze millions de modèles T.

Ford n'eut jamais de bonnes relations avec ses associés en affaires. En 1917, il créa une compagnie complètement indépendante qu'il possédait en propre, Henry Ford & Son, pour produire son tracteur sans passer par des actionnaires. En 1919, il était en mesure de racheter toutes les actions que ne détenait pas la famille dans la Ford Motor Company. À la suite de quoi il intégra la construction des tracteurs dans cette entité.

Ford résista aussi à l'apparition de syndicats dans ses usines. Les rues autour des sites de Dearborn et River Rouge furent la scène d'affrontements sanglants entre la "garde" de Ford et les syndiqués. Mais soudainement, en 1941, ses usines cernées par des piquets de grève, Ford accéda à toutes les exigences des syndicats. Clara, avoua-t-il, n'entendait pas le laisser les exclure. La grève s'arrêta juste à temps pour se consacrer à l'effort de guerre.

Ford était un ardent pacifiste, toutefois après le bombardement de Pearl Harbour il se lança avec toutes ses forces dans l'effort de guerre. Avec son énergie caractéristique, il convertit Ford en un arsenal pour la démocratie et, à la fin du conflit en 1945, lui et ses ouvriers avaient construit 278 000 Jeep, 8 900 bombardiers LB 24 Liberator et 57 000 moteurs d'avions.

Henry Ford et sa charrue automobile, 1907

La charrue automobile d'Henry Ford de 1907 avait un radiateur d'automobile, et utilisait le moteur quatre-cylindres et la transmission de la luxueuse modèle B. Les essieux et le différentiel étaient empruntés à la six-cylindres modèle K, comme celle que l'on aperçoit à l'arrière-plan.

Avant la fin de la guerre, Edsel, le fils unique de Ford, mourut subitement à l'âge de cinquante ans. Henry II, le fils d'Edsel, fut libéré de ses obligations militaires et rappelé à la maison pour seconder son grand-père dans les affaires. La fragilité et les caprices de son grand-père, Henry, - il avait alors plus de 80 ans - donnaient quelques inquiétudes au département de la Guerre américain. Après la guerre, Henry passa le plus clair de son temps à Greenfield Village, le musée qu'il avait construit à Dearborn. Le 7 avril 1947, en fin de soirée, tandis qu'un orage inondait le sous-sol et le générateur de sa résidence bien-aimée de Fairlane, laissant les Ford avec des chandelles pour toute lumière et un feu de bois pour seul chauffage, Ford se coucha tôt disant qu'il ne se sentait pas bien. Alors que son état s'était aggravé dans la soirée, il demanda un verre d'eau à Clara et mourut peu avant minuit. Il mourut comme il était né en 1863, à la lumière des bougies et à la chaleur d'un feu de bois. Entre-temps, il avait changé le monde.

Henry Ford et le Fordson, années 1910

Henry Ford, au centre, n'avait pas peur de mettre les mains dans le cambouis pour améliorer son Fordson.

Le tracteur Ford de Minneapolis et les tests du Nebraska

"Chaque modèle de tracteur proposé à la vente dans l'État devra être inspecté par un comité de trois ingénieurs spécialisés, sous contrôle de la direction de l'université d'État."
(Loi des essais de tracteurs du Nebraska, 1919)

Henry Ford s'était attelé à la réalisation d'un tracteur dès que sa Ford Motor Company fut suffisamment solide. Il disait à qui voulait l'entendre qu'il allait construire un tracteur qui serait aux fermiers ce qu'avait été la Ford T pour le grand public. Il mentionnait aussi des indications, comme un prix de 250 dollars, qui mirent l'eau à la bouche des petits fermiers pressés de passer au tracteur. Profitant de cette attente, un groupe d'investisseurs, conduit par le financier W. Bear Ewing, mit sur pied la Ford Tractor Company de Minneapolis en 1914. Il y avait bien un Ford dans cette organisation, un certain Paul B. Ford, mais il n'avait aucun lien de parenté avec Henry Ford. Il ne connaissait rien aux tracteurs et n'était là que comme prête-nom. Quelques tracteurs furent bien construits, mais l'idée était d'obliger Ford à payer des droits pour utiliser son propre nom sur ses tracteurs. Ford n'était pas du genre à se laisser prendre à ce type de piège. Avec son fils Edsel, ils lancèrent tout simplement leur compagnie sous le nom de Henry Ford & Son. La société Ford de Minneapolis fit rapidement faillite, non sans avoir été à l'origine d'une institution légendaire, l'un des plus beaux cadeaux au monde agricole, le centre d'essais de tracteurs de l'université du Nebraska.

Publicité Ford, 1917
"Enfin, un vrai tracteur au bon prix!", clame cette publicité de la Ford Tractor Company, de Minneapolis. Le Ford ne fut pourtant pas le bon tracteur pour le fermier du Nebraska, Wilmot Crozier. Il fut si contrarié par les défauts de l'engin qu'il se présenta aux élections et fit voter une loi d'État pour imposer les essais de tracteurs au Nebraska afin de se débarrasser de telles escroqueries.

En 1915, Wilmot Crozier, un fermier du Nebraska, avait acheté un Ford Minneapolis et, aussitôt après la livraison, avait eu des problèmes. Crozier n'était pas enclin à se laisser faire et exigea le remplacement de son tracteur par l'usine. Ce qu'elle fit, mais le remplaçant ne valait guère mieux. Il acheta alors un Big Bull et eut la même déconvenue. Dégoûté, il déclara à un de ses voisins qu'il en essayait encore un avant d'abandonner, et en 1918 il acheta un Rumely "trois socs". Ce fut une excellente surprise, le tracteur était fiable, endurant et tirait sans problème cinq socs. Cette injustice le révolta, des compagnies sans scrupule profitaient des paysans qui avaient déjà du mal à s'en sortir. Il décida d'agir et se fit élire à la législature du Nebraska.

Au cours de sa première année de mandat, il s'associa à Charles Warner pour faire passer une loi exigeant pour chaque tracteur vendu dans l'État du Nebraska d'être soumis à des essais par le département d'Ingénierie de l'université d'État. Ces essais devaient certifier que les machines étaient en conformité avec la publicité du constructeur. Dans le cas contraire, cette publicité ne pouvait être acceptée, du moins pas au Nebraska.

Les experts du département d'Ingénierie agricole, L. W. Chase et Claude Shedd, mirent au point les essais et les équipements. Le premier test eut lieu à l'automne 1919, mais dut être ajourné en raison de la neige. Au printemps suivant, le Waterloo Boy modèle N fut le premier à être certifié. Depuis, les essais du Nebraska sont devenus une référence mondiale. Encore aujourd'hui, les tracteurs de tous les constructeurs sont soumis aux tests de l'université du Nebraska.

Waterloo Boy, modèle R, 1910

Ci-dessus : De la même façon que le Ford Minneapolis tient une place honteuse dans l'histoire du tracteur, déclenchant les fameux tests de l'université du Nebraska, le Waterloo Boy porte les lauriers du premier tracteur essayé. Un modèle N 12/25 t esté entre le 31 mars et le 9 avril 1920 passa l'examen avec succès.

Wilmot F. Crozier

À gauche : Fermier devenu législateur, Crozier est l'une des figures majeures de la lutte contre la publicité mensongère.

La grande guerre des prix des années 1920

“L’arrivée de Ford dans le monde de l’outillage agricole et le type de concurrence qu’il y imposa ramena un temps l’industrie à une posture guerrière.”
(Cyrus McCormick III, *Le Siècle de la moissonneuse*, 1931)

“Quoi ? Qu’est-ce que vous dites ? Combien ? Deux cent trente dollars ? Je veux bien en être… Qu’est-ce qu’on peut faire ? Que faire ? Fichez tout en l’air, alignez-vous ! On ne va pas abandonner l’industrie du tracteur. Oui, il faut les descendre de 230 dollars aussi. Oui, oui, les deux modèles. Et puis, en plus, allez-y carrément et ajoutez une charrue avec !”

Cette citation est tirée du livre *Le Siècle de la moissonneuse* de Cyrus McCormick paru en 1931 dans lequel il rapporte une conversation téléphonique entre le bureau d’International Harvester à Springfield, dans l’Ohio, et le siège, à Chicago. Les paroles sont celles du bouillant directeur général de la compagnie, Alexander Legge, en visite à l’usine de Springfield, dans l’Ohio. Le 28 janvier 1922, ce dialogue fut échangé à l’ouverture de la Foire nationale du tracteur de Minneapolis, où Henry Ford venait d’annoncer un rabais de 230 dollars sur son Fordson, amenant son prix à l’incroyable tarif de 395 dollars. Pour la plupart des compagnies, c’était le prix du moteur seul.

Mc Cormick poursuit : "IH engageait la bataille de l'outillage contre le tout puissant Henry Ford et l'automobile. Ford pouvait compter sur le nom commercial le plus connu de tous les temps et sur les millions que lui rapportait sa voiture du siècle…" International Harvester avait répliqué en abaissant le prix de ses populaires Titan et International 8/16 de 230 dollars pour chacun. Il coûtait toujours près du double d'un Fordson, mais l'ajout d'une charrue P&O adoucissait la note. Les commerciaux d'International Harvester firent tout pour transformer les démonstrations de Fordson en bataille de champs. Pour survivre, International Harvester et les autres compagnies adoptèrent les méthodes de production de Ford.

Le vrai gagnant de cette guerre fut le fermier. Cette concurrence effrénée ne fit pas que baisser les prix, elle amena de nombreux progrès, dans l'interchangeabilité des pièces, dans la responsabilité des concessionnaires et les performances des tracteurs. Les constructeurs les plus fragiles ne survécurent pas dans cette atmosphère de lutte pour la survie. En 1929, il ne restait que quarante-sept des deux cents marques de tracteurs.La raison de cette guerre des prix était due à une récession successive à la fin de la première guerre qui frappa le pays en 1921. Les ventes de tracteurs furent divisées par deux par rapport à l'année record de 1920. Avec une production de six mille tracteurs par mois, les aires de stockage de Ford étaient saturées avant qu'il ne réalise qu'il y avait récession. Il n'avait pas d'autre choix que de brader ses tracteurs.

Même problème pour Deere & Company qui avait racheté le Waterloo Boy en 1918 et prévoyait d'en vendre quarante par jour dans le deuxième semestre de 1921. Il ne s'en vendit que soixante-dix-neuf dans toute l'année.

Pour Ford, le rabais de 1922 qui avait déclenché cette guerre des prix fut un succès. À 395 dollars, le Fordson faisait un malheur et en 1923 plus de cent mille en avaient été vendus.

En 1929, la bataille était finie. Avec la fin de la récession, les prix de ventes revenaient tranquillement à un niveau profitable, et en 1929 les ventes de tracteurs dans le pays étaient revenues à un niveau de deux cent mille unités par an.

Le Fordson n'était cependant plus de la fête. La production avait été transférée à l'usine de Cork en Irlande. Comme la Ford T, il avait succombé à la concurrence. La nouvelle Ford A avait remplacé la T et le nouveau tracteur "tous usages", comme le Farmall d'International Harvester, était désormais ce qu'attendaient les agriculteurs.

Case 10/18 Crossmotor, 1919

Case présenta sa moderne et innovante gamme Crossmotor (moteur transversal) en 1915 et récolta rapidement les fruits de son nouveau produit. Le 10/18 succédait à l'éphémère modèle 9/18 B et fut construit de 1917 à 1920. Les deux étaient presque identiques, avec le nouveau moteur transversal partageant un robuste carter porteur avec la transmission, le 10/18 ayant un moteur un peu plus performant.

Fordson, modèle F, 1924

En 1924, le Fordson avait atteint sa maturité, légèrement différent des premiers modèles avec un gris plus clair et des garde-boue optionnels. Les roues étaient rouge flamboyant avec sept bâtons à l'arrière. Un réservoir à deux compartiments fut monté à partir de 1924 avec le petit réservoir d'essence à l'intérieur du réservoir de pétrole. Un volant à jante en caoutchouc dur remplaçait celui à jante en bois. On retrouvait cependant le même moteur quatre-cylindres de 4 111 cm³ à soupapes latérales, la transmission à trois vitesses et l'abominable et bruyant réducteur à vis sans fin qui continua sa carrière sur le Fordson N anglais jusqu'en 1946. La production du Fordson américain s'était étalée de 1918 à 1926. Propriétaire, Palmer Fossum.

Les tracteurs orphelins : la première débâcle industrielle

Publicité Flour City, 1903
Baptisé Flour City (cité de la farine) en référence à sa ville d'origine, Minneapolis, alors capitale de la minoterie, le tracteur Flour City était construit par la Kinnard-Haines Company, de Minneapolis. La marque avait construit des tracteurs à pétrole dès 1896, mais fut balayée pendant la grande dépression.

Dans les années 1910, l'Amérique comptait plus de deux cents constructeurs de tracteurs. En 1930, ils n'étaient plus que quarante-sept. Les rudes conditions économiques qui suivirent la première guerre balayèrent bon nombre de pionniers de la première heure, et la grande dépression des années trente eut raison de la plupart des survivants.

Tout au long de l'histoire du tracteur agricole, l'arbre généalogique a été continuellement remanié. Beaucoup des firmes qui disparurent le long du chemin construisaient des machines viables, quand d'autres, en revanche, étaient bizarres, des créations dignes du professeur Nimbus, des concepts mal pensés, ou la vue de l'esprit d'un ingénieur aux idées marginales. De nombreuses marques naissantes s'endettaient à outrance dans le seul but de financer la commercialisation de leurs produits ; d'autres étaient simplement victimes des crises économiques successives. Malgré des bases financières solides, d'autres firmes furent victimes d'une guerre économique sans pitié où seuls les plus forts survécurent.

Ces orphelines, les machines des marques qui ne furent pas rachetées par les grands groupes survivants, font aujourd'hui partie des plus recherchées par les collectionneurs. Les produits fabriqués par ces marques sont réservés aux vrais amateurs, car il ne faut attendre aucune aide pour retrouver leurs caractéristiques ou les pièces détachées. Mais la récompense en satisfaction est proportionnelle à la difficulté de la restauration et le collectionneur est souvent en possession d'une rareté ou d'une pièce historique.

Publicité Interstate, Plow Boy et Plow Man, 1917
"La demande en tracteurs agricoles de l'Amérique est votre chance !", promet lui-même l'Oncle Sam aux concessionnaires. De nombreux constructeurs des années 1910 prirent ces mots à la lettre, mais furent balayés par la crise économique qui suivit le premier conflit mondial, y compris l'Interstate Engine & Tractor Company, de Waterloo, dans l'Iowa, qui produisait le Plow Boy 10/20 et le Plow Man 13/30.

Avery, modèle C, 1919

Ci-dessus : L'Avery Company, de Peoria, dans l'Illinois, avait une vision étroite des choses et continua à produire des tracteurs poids lourds dépassés dans les années 1920 et 1930, alors que les autres constructeurs étaient déjà passés aux machines plus légères. La firme commercialisa finalement ce six-cylindres, mais il était déjà trop tard. Comme beaucoup d'autres, Avery déposa le bilan juste après la première guerre et fut réorganisée en 1925, mais fit définitivement faillite au cours de la grande dépression des années 1930.

Nilson 22/45, 1919

À gauche : L'original Nilson 22/45 à moteur quatre-cylindres, transmission à deux vitesses et trois roues arrière motrices, était construit à Minneapolis. Celui-ci fut présenté au Pioneer Power Show de LeSueur, dans le Minnesota, en 1999.

HUBER

Huber Super Four, 1921

Page opposée : La Huber Manufacturing Company, de Marion, dans l'Ohio, produisit un certain nombre de tracteurs baptisés Super Four dans différentes versions. Celle-ci est la première version, dont le moteur transversal Midwest développait 15/30 ch. Il fut produit jusqu'en 1924 quand des améliorations portèrent sa puissance à 18/36 ch. En 1926, une nouvelle mouture, le Super Four avec le moteur en ligne fut présentée. Au cours de la grande dépression, Huber abandonna le domaine du tracteur pour se recentrer sur les engins de chantier. Propriétaire, Cliff Peterson.

Publicité Wheat, 1919

Ci-dessus : De nombreuses marques se lancèrent dans la construction de tracteurs agricoles dans les années 1910-1920, mais la crise qui suivit la première guerre balaya la plupart d'entre eux comme des fétus de paille. La vie des tracteurs Wheat fut de courte durée dans les années 1920.

Little Giant, années 1920

À gauche : Le Little Giant (petit géant) de la Little Giant Company, de Mankato, dans le Minnesota, débuta en 1918 et connut un certain succès dans les années 1920. Frappée par la guerre des prix des années 1920 et ballotée par les crises de la décennie, la compagnie cessa toute production en 1927.

McCormick-Deering 15/30

International Harvester Company,
de Chicago, dans l'Illinois

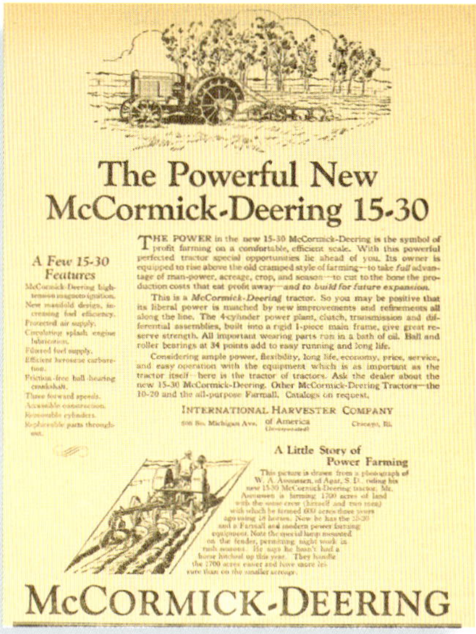

Publicité McCormick-Deering 15/30, 1929

Le gros 15/30 d'International Harvester, dévoilé en 1921, remplaçait les Titan et les Mogul, et se présentait comme une alternative moderne au Fordson qui grignotait les parts de marché d'International. Bien qu'assez cher, à 900 dollars, il offrit tout ce que ne pouvait proposer le Fordson pour une ferme de plus de 40 hectares. Il remplaçait quatre attelages de chevaux qui coûtaient 200 dollars à l'aube des années 1920 et ne représentait donc pas un prix si exorbitant.

Son moteur quatre cylindres de 4 652 cm³ à soupapes en tête, monté sur roulement à billes, établissait de nouvelles normes de fiabilité et d'endurance pour la concurrence. Il était de construction unitaire, comme le Fordson, mais avait un poste de pilotage décalé à droite pour améliorer la visibilité durant le labour.

Le McCormick-Deering 15/30 pesait 2,7 tonnes – deux fois plus que le Fordson. En revanche, il était équilibré et offrait une excellente motricité, ce dont ne pouvait se prévaloir le Fordson, et sa prise de force arrière lui permettait d'entraîner toutes sortes d'instruments.

La production se poursuivit jusqu'en 1928 à l'apparition d'une version améliorée, le 22/36 dont la carrière s'étala jusqu'en 1934.

McCormick-Deering 15/30, années 1920

Un McCormick-Deering 15/30 tire une moissonneuse-batteuse dans un champ de blé dans les grandes plaines.

McCormick-Deering 10/20, années 1920
Réponse de McCormick-Deering au redoutable Fordson, le 10/20 fut fabriqué de 1923 à 1939. C'était un petit 15/30, plus court de 35 cm et plus léger de 900 kg. Son quatre-cylindres de 4 652 cm³ était légèrement supérieur à celui du Fordson de 4 111 cm³. Propriétaire, Fred McBride.

John Deere modèle D

Deere & Company, de Moline, dans l'Illinois

Produit pendant trente années, de 1923 à 1953, le modèle D de John Deere est connu pour avoir eu une durée de vie plus longue que celle de n'importe quel autre tracteur. Il avait bien sûr subi quelques améliorations au cours de sa carrière, mais son concept de base était toujours aussi évident à la fin de sa vie.

Comme beaucoup de machines de sa génération, il avait été conçu pour concurrencer le Fordson. Il arborait un radiateur et un capot de style automobile, mais sous cet habillage, il s'apparentait en fait au Waterloo Boy dont il avait pris la succession. Son originalité résidait dans son bicylindre de 7 617 cm^3 (réalésé à 8 206 cm^3 en 1927) qui fut d'abord accouplé à la

transmission à deux vitesses du Waterloo Boy avant de recevoir une boîte à trois rapports. À la manière d'International Harvester, en 1931, le siège et le volant furent décalés de la gauche vers la droite pour améliorer la visibilité en labour. Le volant moteur à rayons utilisé pendant les deux premières années de production fut, par la suite, remplacé par un volant plein et, en 1939, le modèle D reçut une carrosserie digne de ce nom.

Le gros et lent moteur du modèle D, qui tournait à 800 tr/min (poussé à 900 tr/min en 1932), émettait une délicieuse musique pendant l'effort au labour. En plus de son économie de fonctionnement, le son du bicylindre contribua à sa popularité. Comme tous les John Deere, le modèle D était particulièrement rustique, conçu dès le départ pour tirer trois ou quatre socs. À ses débuts, avec ses 1 800 kg, il pesait 900 kg de moins que le McCormick 15/30, bien qu'ils soient dans la même catégorie. Au fil des ans, son poids grimpa jusqu'à 2 385 kg sans lest, mais restait toujours au-dessous de celui du 15/30.

Brochure John Deere, modèle D, 1939

John Deere, modèle D, 1924

À gauche : Après plusieurs faux départs et l'achat judicieux de Waterloo Boy, le modèle D devint le premier vrai succès de John Deere. Le modèle D de 1923 avait un volant moteur de 65 cm de diamètre à rayons et un radiateur à côtés ajourés. Son successeur avait le volant à gauche, et un volant moteur à rayons de seulement 60 cm. Il connut quelques améliorations au cours de ses trente années de production. Propriétaire, Deere & Company.

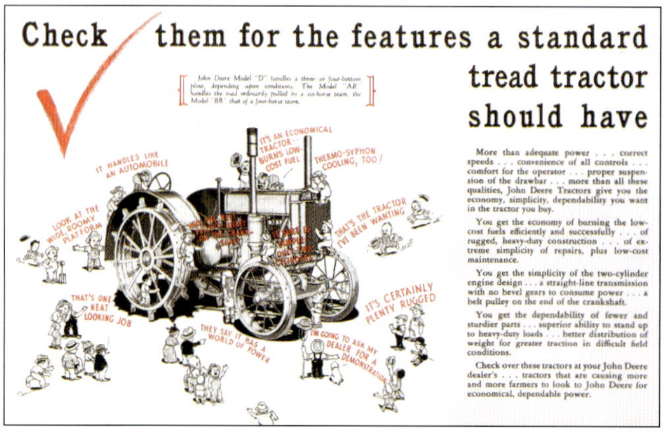

Brochure John Deere, modèle D, 1927

Prospectus John Deere, modèle D, années 1920
À gauche : Inspiré des Voyages de Gulliver, des paysans minuscules s'affairent autour d'un modèle D géant.

John Deere, modèle GP, 1932
Ci-dessus : Le modèle GP, première réponse de John Deere au Farmall, fut construit de 1928 à 1935. Celui-ci, portant le numéro de série 228863, est l'un des 385 GP construits en 1932. Il est équipé d'un semoir GP 301, lui aussi construit de 1928 à 1935. Propriétaire, la famille Keller.

Brochure John Deere, modèle GP, 1930

Adieu cheval, bonjour Farmall

"Mon Farmall fait le travail de dix mules."
(Homer Johnson, fermier à Savannah dans le Tennessee, dans une lettre adressée à International Harvester en 1926)

Les temps étaient durs pour ce bon vieux Bijou ; partout, le tracteur polyvalent remplaçait rapidement le cheval. Une fois qu'un fermier avait compris que le cheval n'était plus indispensable à la ferme, les choses allaient vite. On ajoutait des hectares à l'exploitation dès qu'une occasion se présentait, plus de tâches pouvant être effectuées avec la même main-d'œuvre grâce au tracteur. Ceux qui avaient de la main-d'œuvre en trop faisaient du travail à façon. Même si certains fermiers rechignaient à se séparer des chevaux qui avaient partagé leurs bons et mauvais moments, l'économie que représentait un tracteur était une réalité qu'on pouvait difficilement ignorer.

Ce changement fut amené par les constructeurs, qui se mirent à concevoir des tracteurs légers qui n'entraient plus en compétition avec les gros tracteurs d'autrefois, mais avec le cheval. Il fallait un cheval pour cultiver 6 hectares, et désormais la puissance du tracteur et son prix s'alignaient sur ceux du cheval. Plus un tracteur pouvait remplacer de chevaux, plus son prix pouvait être élevé. L'avènement du Fordson et la guerre des prix amenèrent International Harvester à concevoir le premier tracteur vraiment polyvalent, le Farmall.

Quand le Fordson commença à menacer l'empire d'Intenational Harvester, son P.-D.G. Alexander Legge demanda à l'ingénieur en chef Edward A. Johnston : "Qu'avez-vous fait de ces tracteurs à tout faire sur lesquels vous avez travaillé ces dix dernières années ?"

Johnston avait expérimenté avec son équipe toutes sortes d'engins et de cultivateurs à moteur dont certains étaient très innovants. Les dirigeants étaient bien sûr tenus informés de ses activités, mais avaient montré bien peu d'intérêt. En 1920, les avancées techniques les plus intéressantes avaient été concentrées dans un tracteur universel que l'équipe avait baptisé Farmall, et dont plusieurs prototypes avaient été construits. Quand Johnston en informa Legge en lui affirmant que son Farmall surpassait le Fordson dans tous les domaines, celui-ci ordonna la construction de vingt prototypes supplémentaires et d'autant d'outils pour mener des essais. Les ingénieurs affinèrent le modèle pour le rendre plus performant et compatible avec les nouvelles méthodes de construction en série.

Le Farmall qui sortit des expérimentations de Johnston se présentait comme un engin tricycle avec de grandes roues métalliques à l'arrière. Les roues ne tournaient pas autour du moyeu comme sur un tracteur conventionnel, mais étaient entraînées par des pignons enfermés dans un carter de chaque côté, ce qui permettait d'avoir un essieu très haut, qui passait au-dessus des tiges de maïs, tandis que les deux roues avant jumelées se faufilaient entre les rangs. Les roues avant pouvaient tourner presque à angle droit, rendant le Farmall bien plus maniable que la plupart des tracteurs. De plus, lorsque les roues avant étaient tournées, elles actionnaient un câble qui freinait la roue arrière intérieure pour améliorer encore le rayon de braquage, la roue arrière extérieure continuant d'entraîner le tracteur.

Malgré son allure squelettique, le Farmall était plus lourd qu'il n'y paraissait, puisqu'il pesait 1 643 kg - 450 kg de plus que le Fordson - ; mais ce poids bien placé contribuait à améliorer la motricité et la stabilité, deux des défauts les plus criants du Fordson. Plus important, comme l'écrivait Cyrus McCormick dans son livre *Le Siècle de la moissonneuse*: "Le Farmall peut tout faire à la ferme sauf traire les vaches !"

Junior et son Farmall
Une fois le vieux Bijou parti de la ferme, le gamin trouvait un nouvel ami dans son remplaçant, le Farmall.

Plusieurs nouveaux prototypes furent construits en 1923 et une série de deux cents exemplaires de préproduction fut réalisée et vendue à des fermiers essayeurs. Les représentants d'International Harvester observaient avec attention ces Farmall à l'œuvre et trouvaient des solutions au fur et à mesure qu'ils rencontraient des problèmes. Ils estimèrent que le Farmall réduisait les coûts par six par rapport à un cheval.

En 1924, toutes les estimations de ventes d'International Harvester furent dépassées, et à partir de 1926, la nouvelle usine d'International Harvester, de Rock Island, dans l'Illinois, commençait à produire à des cadences en accord avec la demande. Les chiffres de ventes approchaient des vingt-quatre mille unités par an, loin des cent mille Fordson produits dans les meilleures années, mais suffisamment importants pour qu'additionnés aux autres modèles d'International, ils lui permettent d'afficher des scores trois fois supérieurs à ceux de John Deere, son plus proche concurrent.

Farmall

International Harvester Company, de Chicago, dans l'Illinois

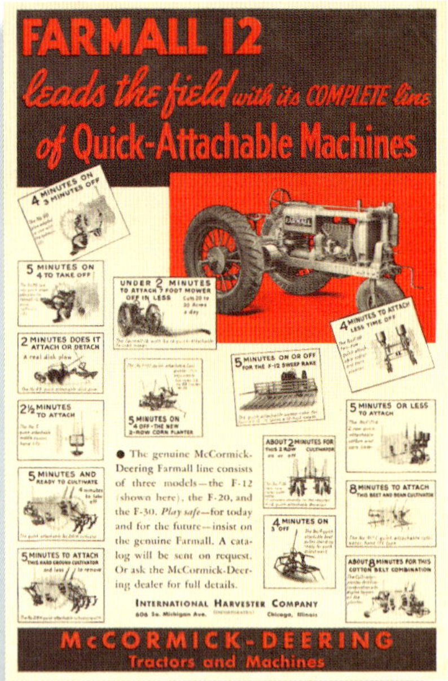

Publicité Farmall F-12, 1936

Le Farmall révolutionna le tracteur tous usages lorsqu'il fut dévoilé en 1924. C'était un engin bien conçu, longuement testé par un grand nombre de fermiers avant d'être mis sur le marché, et qui répondait pleinement aux attentes des clients qui firent, dès lors, confiance à la mécanique et se débarrassèrent de leurs chevaux. Bien qu'International Harvester ne mentionnât pas de puissance, à l'exception de sa capacité à opérer un labour de 35 cm de profondeur, le moteur à soupapes latérales du Farmall développait environ 25 ch. Bien équilibré, il pesait 1 800 kg, était doté d'une transmission à quatre rapports et disposait d'une prise de force et d'une poulie.

Le Farmall resta le modèle du genre tant que dura l'ère des "row-crop" et fut décliné en petit, moyen et grand modèle et même en une version "grand dégagement" qui offrait encore plus de garde au sol. Sa popularité était telle qu'on dériva même des versions "standard" à voie avant large des trois modèles, ainsi que des versions "industrielles" et "vergers".

Lancés en 1939, les Farmall redessinés par Raymond Loewy paraissent encore aujourd'hui modernes.

Publicité Farmall, 1942

Farmall Regular, 1930

Le Farmall était le bébé du directeur de la branche expérimentale d'International Harvester, Edward Johnston. Il n'avait pas été conçu pour remplacer quelques chevaux, mais tous les chevaux de la ferme. Dévoilé au moment où le Fordson saturait le marché, il fallait une offre complètement nouvelle à International Harvester pour le contrer. C'était ce que faisait le Farmall, changer l'approche du tracteur en proposant une version tricycle au lieu de la vieille recette traditionnelle. Propriétaire, Larry Kinsey.

Le premier Farmall de la fameuse lignée reçut le nom de Regular lorsque furent dévoilées d'autres versions. Il fut construit de 1924 à 1931, lorsqu'il fut remplacé par le F-20. Non mesuré par le constructeur, le quatre-cylindres délivrait environ 20 ch à la poulie.

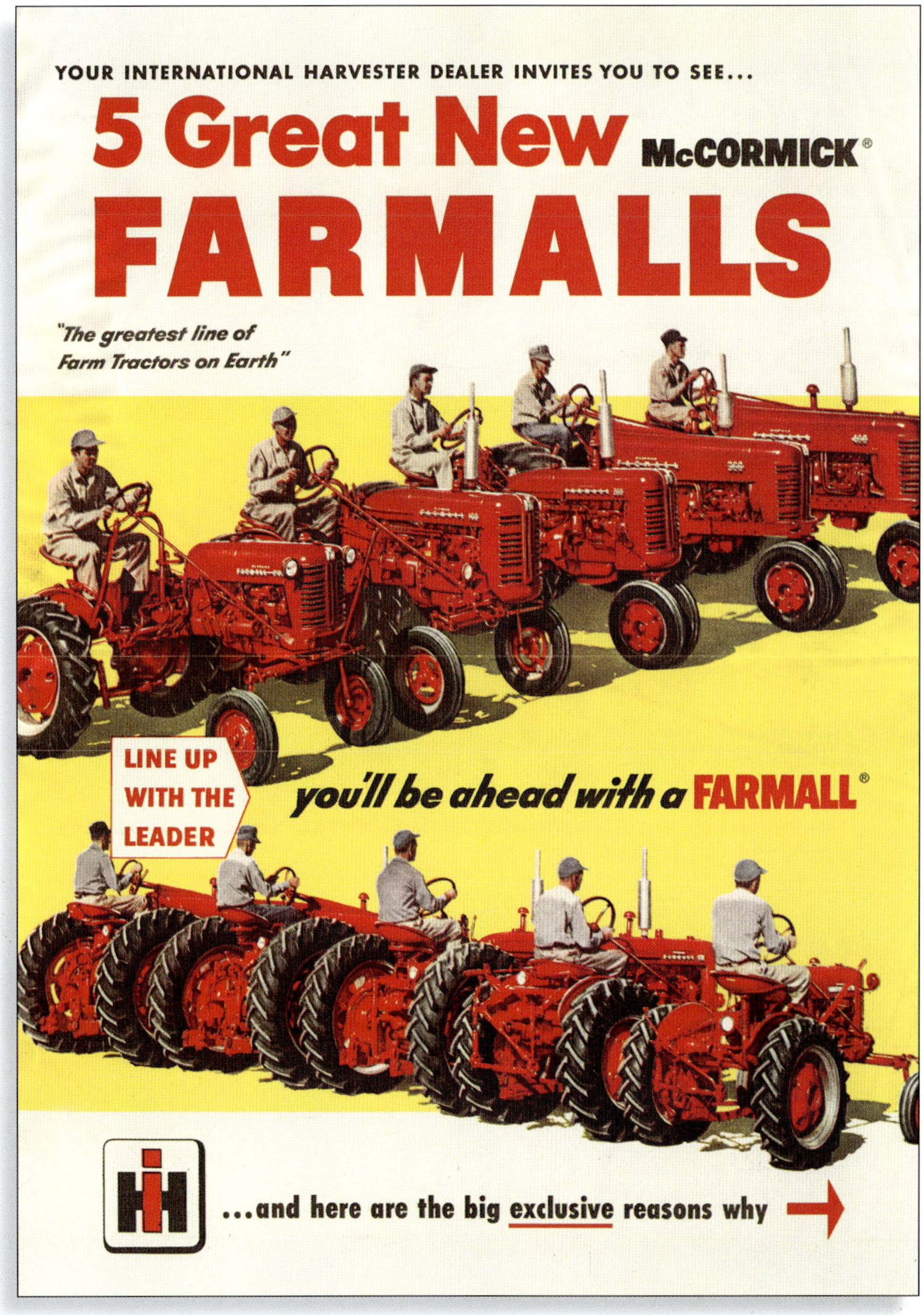

Brochure Farmall, années 1950

"La plus grande gamme de tracteurs sur terre" promet ce dépliant International Harvester qui offrait à l'époque cinq modèles, le Cub, le 100, le 200, le 300 et le 400.

Des pneumatiques irrésistibles

"Personne ne sait plus qui a commencé cette affaire de tracteur sur pneus."
(Magazine Farm Implement News, 1932)

L'amie du fermier, autrement dit la Ford modèle T, roulait sur des roues à pneumatiques et conduisit à l'idée qu'on pouvait peut-être également mettre les tracteurs sur pneumatiques. À l'époque de la Ford T, les pneumatiques posaient un certain nombre de problèmes et on emportait parfois jusqu'à quatre pneus de rechange et un nécessaire de réparation. Mais l'idée faisait son chemin, les tracteurs faits maison à partir de vieilles Ford T avaient des pneus et parfois même des pneus de camion à l'arrière.

Allis-Chalmers, modèle U, 1934
Jim Pollack, le propriétaire de ce modèle U emmène sa batteuse Belle City Perfection de 1948 à son prochain lieu de battage.

On utilisait déjà des bandes de caoutchouc dur sur certains tracteurs. Les Fordson et autres tracteurs standard utilisés dans l'industrie roulaient souvent sur pneumatiques pleins durs. En 1871, on avait même vu une machine à vapeur Thompson au concours de labour de la foire de l'État de Californie équipée de patins en caoutchouc aux roues. Mais le caoutchouc dur ne procurait pas la motricité attendue en terrain lourd.

Ce furent les exploitants de vergers qui firent bouger les choses. Comme les cornières des roues métalliques endommageaient les racines des arbres fruitiers, certains propriétaires de vergers avaient pris l'habitude d'habiller les roues métalliques avec des vieux pneus de camions pour réduire les blessures occasionnées aux végétaux. On mettait parfois plusieurs épaisseurs pour supporter le poids du tracteur. Tant et si bien qu'en 1931, le manufacturier B. F. Goodrich sortit un pneu appelé "Pression zéro".

Dès 1930, Allis-Chalmers avait commencé à faire des essais de pneumatiques en montant des pneus d'avion Firestone aux roues arrière d'un modèle U. En collaboration avec Firestone, ils élaborèrent un vrai pneu basse pression qu'ils annoncèrent comme monte de série sur le modèle U.

Les fermiers étaient toutefois sceptiques, certains allant même jusqu'à prédire que les terrains deviendraient incultivables après le passage d'un tracteur sur pneus. Ceux-là mêmes qui avaient tenu un discours identique sur l'avenir du tracteur lui-même.

En 1934, la plupart des constructeurs offraient des pneus en option ; en 1936, 31 % des tracteurs étaient vendus avec des pneumatiques ; et en 1939, presque tous les tracteurs avaient adopté les pneus. Les restrictions pendant la guerre obligèrent beaucoup à revenir aux roues métalliques faute de caoutchouc, mais dès que ce fut possible, les pneus reprirent leur place.

Course de modèle U, années 1930
Allis-Chalmers organisa des courses de tracteurs dans les foires locales et régionales pour démontrer les vitesses que pouvait atteindre le modèle U sur pneumatiques. Le célèbre coureur automobile Barney Oldfield, dont Allis-Chalmers louait les services pour s a promotion, devance deux concurrents sur un hippodrome. Il gagnait chacune des courses, comme cela était prévu par son contrat.

Allis-Chalmers, modèle U, 1936

Au départ, Allis-Chalmers construisait le modèle U lancé en 1929 pour le compte de son partenaire United Tractor and Equipment Corporation de Chicago, mais Allis-Chalmers en reprit la fabrication lorsque l'association fut dissoute. À cette époque, Allis-Chalmers travaillait avec Firestone sur un pneu agricole et le modèle U devint le premier tracteur à en être équipé. Jusqu'en 1932, le modèle U était équipé d'un moteur Continental après quoi il fut remplacé par un Allis-Chalmers à soupapes en tête et sa production dura jusqu'en 1944. Propriétaire, Alan Draper.

Case CC-3, 1938

Le CC était le premier tracteur tous usages de Case. Propriétaire, Jay Foxworthy.

Minneapolis-Moline Twin City FT-A, 1938

À gauche: "Un tracteur c'est comme un cheval, il faut en acheter un bon." disait le slogan d'Allis-Chalmers dans les années 1930 et le FT-A en était un bon. Il avait été présenté par la Minneapolis Steel & Machinery Company en 1929 qui donnait le nom de Twin City à sa gamme de tracteurs. D'abord connu sous le nom de Twin City 21/32, le FT-A était équipé d'une boîte à trois rapports à pignons en acier trempé, d'un double filtre à air et d'une lubrification sous pression. Il reçut le nom de FT-A en 1936 pour s'aligner sur la nomenclature des autres tracteurs Minneapolis-Moline. Propriétaire, la famille Timm.

Fordson, modèle N, 1937

Ci-dessus: Henry Ford délocalisa la production du Fordson à Cork en Irlande en 1928, puis un peu plus tard à Dagenham en Angleterre. Ils reçurent alors une robe bleu foncé avec des roues orange. Le moteur quatre-cylindres du N faisait 4 373 cm³ de cylindrée. Propriétaire, Eric Croates.

Fordson All-Around, 1938

Fordson proposa sa version "row-crop" baptisée "All-Around" pour répondre à la demande de ses clients américains. La plupart des All-Around, fabriqués en Angleterre, furent exportés aux États-Unis. Propriétaire, Marlo Remme.

TWENTY TWO
CATERPILLAR

CHAPITRE 4

Les tracteurs agricoles à chenilles (1900-1960)

"Il se déplace en rampant, comme une chenille."
(Charles Clements, 1905)

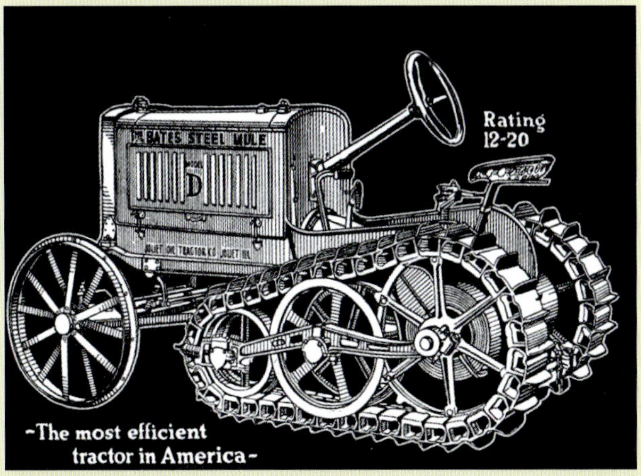

Caterpillar Twenty-Two, 1937
Photo principale : Qu'on l'appelle "chenillard" ou "tracteur à chenilles", le tracteur à train de plaques avait été étudié pour répartir le poids du tracteur sur une plus grande surface, améliorer la motricité et réduire le compactage des sols. Le Caterpillar Twenty-Two (22) avait un moteur à soupapes en tête de 4 111 cm³ et était l'équivalent du R2, construit en petites quantités pour le gouvernement américain. Martin Frey, son propriétaire, est l'un des fondateurs de l'Antique Caterpillar Machinery Owners Club.

Publicité Bates Steel Mule 12/20, années 1920
Ci-dessus : Construit par la Joliet Oil Tractor Company, de Joliet, dans l'Illinois, le Steel Mule aurait dû avoir une carrière plus longue, comme le suggère son nom (mule d'acier), synonyme d'entêtement, mais il disparut rapidement du marché.

Caterpillar, chenillards et semi-chenillés

Charles Clements, un photographe engagé par Benjamin Holt pour immortaliser les essais de son nouveau tracteur à chenilles, fut le premier à utiliser le mot "*caterpillar*" (chenille en anglais) pour désigner ce type de tracteur. La vue inversée du tracteur avec les chenilles en l'air que voyait Clements sur le verre dépoli de sa chambre noire, accentuait encore l'analogie avec une chenille en mouvement. Holt s'empara aussitôt de cette comparaison et en fit la marque du plus fameux des tracteurs à chenilles.

Déjà en 1905, quand Holt présenta son premier tracteur à chenilles à vapeur, l'idée de la chenille n'était pas nouvelle. Les premiers essais dataient de 1850 quand on avait voulu agrandir la surface de contact des énormes tracteurs à vapeur dont certains accusaient jusqu'à 22,5 tonnes sur la balance. Le premier semble avoir été le tracteur à vapeur Minnis de 1869 qui fit une démonstration à Ames, dans l'Iowa, et dont on n'entendit plus parler par la suite.

Il y eut d'autres tentatives après le Minnis, mais le premier qui rencontra un certain succès fut le débardeur de grumes Lombard d'Alvin Oliver Lombard, en 1900, construit par les usines Waterville Iron Works du comté de Penobscot, dans le Maine. Une des raisons de ce succès fut qu'il n'avait été essayé que sur la neige et la glace, n'entraînant pas d'usure des clavettes d'assemblage et peu de résistance au glissement latéral des chenilles en virage. Signalons que le conducteur se trouvait à l'avant de l'engin, à la place du pare-choc avant, et dirigeait l'engin avec un volant. L'ingénieur se tenait dans une cabine d'où il contrôlait l'accélération et le freinage en inversant la vapeur. Environ deux cents Lombard furent vendus et le brevet fut cédé à d'autres constructeurs qui fabriquaient des engins similaires.

Fordson semi-chenillé système Hadfield-Penfield, 1922

Le manque de motricité du petit Fordson était de notoriété publique et la Hadfield-Penfield Steel Company, de Bucyrus, dans l'Ohio, proposait ce train arrière chenillé pour le Fordson en 1926. Non seulement le système augmentait la surface de contact au sol, mais il doublait le poids du tracteur améliorant sensiblement sa motricité.

Chronologie

- 1903 : premier vol des frères Wright
- 1928 : Walt Disney invente Mickey
- 1937 : l'aviatrice Amelia Earhart disparaît dans le Pacifique
- 1939 : premier vol d'un avion à réaction, un Heinkel allemand
- 1941 : invention des produits aérosols
- 1948 : invention du transistor
- 1956 : approbation du projet d'autoroute inter-États
- 1957 : lancement du premier satellite soviétique
- 1960 : utilisation du premier laser par le physicien Theodore Maiman

Ford 8N avec chenilles Bombardier, 1948

Ci-dessus : Bombardier, le constructeur d'avions et de motoneiges canadien, proposait cette conversion semi-chenillée pour le Ford, comme plusieurs autres constructeurs. Les chenilles étaient particulièrement efficaces quand on utilisait un chargeur à l'avant. Les producteurs de sirop d'érable étaient particulièrement friands de ce genre de conversion, car elle permettait au Ford de se déplacer dans la neige profonde. Ce 8N est également équipé d'une boîte auxiliaire à deux rapports. Propriétaire, Palmer Fossum.

Tracteur à chenilles Minneapolis-Moline Jetstar II, 1958

À gauche et ci-dessous : Minneapolis-Moline ne construisit que cinquante et un Jetstar II. Il était équipé d'un quatre-cylindres de 3 374 cm³, d'une transmission à cinq rapports et d'une direction par blocage du différentiel. Il a été restauré par le spécialiste des Minneapolis-Moline, Rex Dale. Propriétaire, la famille Keller.

Holt, Best et Caterpillar: les références de l'industrie

Le Caterpillar de Benjamin Holt fut le premier tracteur à chenilles à connaître le succès auprès des agriculteurs, même si les versions ultérieures furent surtout utilisées pour le débardage du bois. Au départ, la Holt Manufacturing Company, de Stockton, en Californie, avait simplement converti un de ses tracteurs à vapeur sur roues en tracteur à chenilles. Holt avait une grande expérience des chenilles, qu'il avait déjà utilisées sur ses tracteurs à vapeur et ses moissonneuses-batteuses. Il avait tout simplement boulonné des blocs de bois sur des liens parallèles pour réaliser sa première chenille, en 1905.

Le premier tracteur à vapeur sur chenilles avait été vendu par Holt en 1906 à une compagnie de Louisiane qui travaillait dans le delta du Mississipi. Les machines à vapeur se vendirent bien, mais à partir de 1908 les moteurs thermiques commençaient à connaître une vogue grandissante et Holt absorba l'Aurora Engine Company, également basée à Stockton, afin de construire des moteurs thermiques pour ses propres engins, ainsi que pour les besoins d'autres compagnies.

Le développement, et le succès, des Caterpillar à moteur thermique est en grande partie dû à leur utilisation dans les travaux de construction du grand aqueduc de Los Angeles, à partir de 1908, dont on peut comparer le chantier à celui du canal de Panama. Pas moins de vingt-huit machines étaient employées au déblaiement sur les 373 km du chantier dont une grande partie se faisait dans le désert Mojave, un terrain d'essai particulièrement redoutable pour les mécaniques. Les travaux amenèrent de nombreux améliorations et développements mécaniques.

La compagnie de Daniel Best, Agricultural Works, s'était retrouvée en compétition avec celle de Benjamin Holt sur le front des moissonneuses et tracteurs à vapeur depuis les années 1880. Quand Daniel Best eut 77 ans, il se retira soudainement et vendit sa compagnie à Benjamin Holt. En compensation, le fils de Best, Clarence Leo Best, devait investir dans la nouvelle compagnie et y occuper des responsabilités à la direction. Il y travailla deux ans, mais il ne paya jamais son dû et ne fut jamais satisfait de sa position.

En 1910, Clarence Leo quitta Holt pour fonder sa propre firme, C. L. Best Gas Traction Company, à Elmhurst, en Californie, avec l'aide financière et la bénédiction de son père. Il se mit à construire des tracteurs à roues et un tracteur à chenilles qui était une copie presque conforme du chenillard Holt 75. Les deux compagnies entamèrent un procès qui dura des années. Le litige reposait essentiellement sur l'utilisation du brevet des chenilles. Sur un habile conseil de son avocat, Best passa un accord avec Alvin Lombard, constructeur du fameux débardeur forestier Lombard, pour racheter son brevet, lui donnant ainsi l'antériorité sur le brevet de Holt. Lombard était particulièrement intéressé par cette affaire, estimant que Holt avait piraté son brevet et avait refusé de lui payer ses droits. Best gagna le procès et força Holt à lui verser des *royalties* pour continuer à produire des tracteurs à chenilles.

Holt vendit de nombreux Caterpillar aux armées alliées pendant la Première Guerre mondiale et on lui accorda – probablement avec trop de générosité – un certain crédit dans le développement des chars d'assaut. Best ne profita pas des largesses du temps de guerre, mais se retrouva avec deux modèles classiques, le Sixty (60) et le Thirty (30), des engins bien étudiés, équilibrés qui marchaient bien et avaient une belle allure. Best avait baptisé ses machines "Tracklayer" (poseur de voie), le nom de Caterpillar ayant été déposé.

Holt 10-Ton, 1919

Le 10-Ton pesait tout juste 9,5 tonnes américaines (8 550 kg) et était vendu pour 75 ch. Il était équipé du moteur quatre-cylindres à soupapes en tête de 15 217 cm³. Il avait été développé avec l'aide de l'armée américaine au cours de la Première Guerre mondiale. Il était doté d'un système original de guidage fragmenté qui autorisait des vitesses plus élevées et il était aussi possible de sortir des ornières en marche arrière avecune lourde charge. Propriétaire, la famille Vouk.

Holt, modèle 60, 1913

Ce modèle 60 fut acheté neuf pour 4 205 dollars par les frères Hahn, qui cultivaient une exploitation à Colusa, en Californie. Il fut utilisé à la ferme jusqu'à sa vente en 1980. Le quatre-cylindres à soupapes en tête de 20 147 cm³ était crédité de 50 ch à la barre et 60 ch à la poulie à 500 tr/min. La direction se faisait en débrayant une des chenilles et en tournant la petite roue directrice avant. Il n'y avait pas de freins directionnels, si bien que les changements de direction se faisaient dans une immense glissade qui demandait un énorme effort physique. Propriétaire, Larry Maasdam et Ron Miller.

Holt finit le conflit avec ses modèles 2-Ton, 5-Ton et 10-Ton, les deux derniers fortement influencés par le ministère de la Guerre dans leur conception. Ils ne connurent pourtant jamais le succès des machines de Best, malgré leurs qualités. Le 2-Ton, en revanche, était très apprécié des fermiers et des bûcherons.

En avril 1925, pour mettre un terme à des années de conflit autour des brevets, Holt et C. L. Best s'associèrent pour former la Caterpillar Tractor Company. Les deux maisons en étaient arrivées là, car le marché était trop étroit pour deux constructeurs et l'effort dépensé en procédures était un gaspillage d'énergie inutile. Les Thirty, Sixty et 2-Tons furent maintenus, mais les 5-Ton et 10-Ton de Holt furent rapidement abandonnés. En 1927, un tout nouveau Caterpillar, le Twenty (20), était dévoilé en remplacement du 2-Ton. De plus petits et de plus gros Caterpillar suivirent et de nombreux engins, comme les niveleuses de la Russell Grader Manufacturing Company, de Stephen, dans le Minnesota, vinrent enrichir le catalogue.

En 1931, Caterpillar lançait son premier diesel, un événement prémonitoire dans le monde des tracteurs. Après un effort éreintant de 1,5 million de dollars et deux années de bataille, le Diesel Sixty était essayé avec succès à l'université du Nebraska. Malgré ses défauts de jeunesse, le diesel établit de nouvelles normes en matière d'économie et de puissance brute. Caterpillar continua à produire des moteurs à essence en quantités de plus en plus importantes, mais le diesel finit par prévaloir après la Seconde Guerre mondiale.

Holt, modèle 75, 1921

Le 75 était propulsé par un quatre-cylindres de 22 932 cm^3 (187,5 x 200 mm) délivrant 50 ch à la barre et 75 ch à la poulie à 550 tr/min, avec transmission à deux vitesses et magnéto A K-W. Le tout pour un poids de 10 350 kg. Propriétaire, Larry Maasdam.

C. L. Best Thirty, version "verger", 1925

Ci-dessus: les tracteurs de C. L. Best étaient vendus sous le nom de Tracklayer pour les différencier des Caterpillar de Holt. Le Thirty (30), construit par C. L. Best puis Caterpillar, de 1921 à 1932 à plus de vingt-trois mille exemplaires, fut originellement commercialisé sous le nom de "modèle S". Propriétaire, Jerry Gast.

Caterpillar Ten, 1933

À gauche: De 1928 à 1932, Caterpillar construisit près de cinq mille Ten. Le Ten (10) était l'un des rares Caterpillar à utiliser un moteur à soupapes latérales donné pour 10 ch à la barre et 15 ch à la poulie.

Caterpillar Twenty-Eight, 1935

Le Twenty-Eight (28) était une évolution du Twenty-Five (25), reflétant mieux ses véritables capacités de 30 ch à la barre.

Caterpillar D4 Orchard, 1947

La série D4 U recevait un nouveau moteur Diesel avec culasse à flux croisés de 5 733 cm³ (112,5 x 137,5 mm) délivrant 570 Nm de couple à 1 000 tr/min. Le D4 utilisait un moteur d'appoint à deux cylindres horizontaux opposés pour le démarrage (68,75 x 75 mm), bien qu'il ait été équipé d'un démarreur électrique. Robert Pripps, l'auteur, est aux commandes. Propriétaire, Larry Maasdam.

Caterpillar, modèle Twenty-Two, version “verger”, années 1930

Plus proche d'un engin lunaire du XXIe siècle que d'un tracteur des années 1930, ce Twenty-Two (22) arbore toute la panoplie de la version “verger” d'usine. Les carénages de chenilles étaient là pour ne pas endommager les branches basses. Il était propulsé par un quatre-cylindres à soupapes en tête (100 x 125 mm). Propriétaire, Larry Maasdam.

Best/Caterpillar Sixty

C. L. Best Gas Traction Company, de Helmhurst, en Californie
Caterpillar Tractor Company, de Peoria, dans l'Illinois

Le Sixty (60) de C. L. Best fut dévoilé en 1919 et essayé à l'université du Nebraska en 1921. Bien qu'il ait eu une excellente réputation de motricité et d'endurance, il eut le plus grand mal à passer les tests, la faute à un moteur qui ne se montra pas à la hauteur des attentes. Le quatre-cylindres de 18 477 cm³ ne pouvait tout simplement pas atteindre les 60 ch annoncés. Sans filtre à air et poussé à 565 tr/min au lieu de 560, il frôlait péniblement les 56 ch.

En 1923, Best était de retour à l'université du Nebraska avec un moteur amélioré par de nouveaux profils de cames et de nouvelles soupapes ; et cette fois, avec son filtre à air en place et seulement 560 tr/min, il atteignait 66 ch. Les essais ne firent que confirmer ce que savaient depuis longtemps les fidèles clients.

Le Sixty était équipé d'une transmission à deux vitesses, mais on pouvait choisir une transmission à trois rapports en option qui fut montée en série par la suite. Les premiers Sixty pesaient 7 875 kg et passèrent à plus de 9 000 kg par la suite. Les premiers modèles avaient un siège bas très reculé avec des commandes décalées à droite. C'était parfait pour l'agriculture et les engins de chantier, mais pour le débardage, un siège que l'on appellerait aujourd'hui "conventionnel" était installé à la place. Ce siège fut finalement monté en série. Le prix initial de 4 000 dollars grimpa à 6 000 dollars à la fin de la production qui s'éleva à presque vingt mille exemplaires.

En 1931, un moteur Diesel fut installé sur la transmission du Sixty et cent cinquante-sept exemplaires furent écoulés cette même année. Avec le Sixty, Caterpillar construisait le premier tracteur Diesel en série et traçait la voie pour l'utilisation du petit moteur d'appoint pour le démarrage.

En 1932, le Sixty était modernisé en Diesel Sixty-Five (Diesel 65).

Brochure Caterpillar Sixty, années 1920
Le gros cylindre au-dessus du garde-boue est le réservoir de fioul qu'un Sixty, utilisé de manière intensive, pouvait vider sans problème en dix heures.

Caterpillar Sixty, 1926
À son apogée, le Sixty était considéré comme l'archétype du tracteur à chenilles par les fermiers et les bûcherons. Commercialisé par C. L. Best à partir de 1919, le Sixty passa sous la marque Caterpillar après la fusion de 1925. Il surpassa ses concurrents grâce à sa fiabilité et son design *équilibré. Propriétaire, Dave Smith.*

Cletrac-Oliver : "Rivé au sol !"

La famille White, de Cleveland, dans l'Ohio, comptait quelques esprits inventifs. En 1859, Thomas White, le père, avait fondé une compagnie de machines à coudre portant son nom, encore en activité de nos jours. La compagnie aborda le domaine des transports en fabriquant des patins à roulettes et des bicyclettes. Les fils, Robin, Windsor et Walter furent à l'origine de la fameuse voiture à vapeur White, en 1900, qu'ils convertirent à l'essence avec un moteur de leur fabrication par la suite. En 1911, ils lancèrent la Cleveland Motor Plow Company qui allait devenir Cleveland Tractor Company. Leurs tracteurs à chenilles prirent le nom de Cletrac avec le slogan : "*Geared to the ground !*" ("Rivé au sol !"). L'originalité des Cletrac résidait dans l'utilisation d'une direction connue sous le nom de "direction par différentiel". Sur un Cletrac, la puissance était délivrée via un différentiel, comme sur un véhicule à roues. Pour faire tourner un Cletrac, une des chenilles était freinée par un volant qui agissait sur le frein intérieur. Sur les autres tracteurs à chenilles, il n'y avait pas de différentiel entre les chenilles, mais un embrayage et un frein pour chaque chenille en plus de l'embrayage central, utilisé pour désengager le train roulant du moteur. Pour tourner, on débrayait une des chenilles, elle était freinée selon le besoin, tandis que l'autre chenille continuait de tirer l'engin qui tournait sur la chenille bloquée. Cletrac proclamait que le différentiel était un apport majeur, mais la plupart des opérateurs jugeaient que les Cletrac étaient plus difficiles à contrôler que les autres chenillards.

À l'origine, les Tracklayer de Best étaient dotés d'une direction par différentiel. Il fut un temps, pendant la première guerre, où C. L. Best avait du mal à trouver des matières premières, ce qui permit à Rollin White de prendre le contrôle de Best en rachetant les parts des actionnaires mécontents. Il ne fallut pas longtemps à Best pour reprendre le contrôle de son affaire, mais entre-temps, il avait perdu ses brevets pour la direction par différentiel. Dès lors, les tracteurs de Best utilisèrent la direction par débrayage.

De nos jours, le terme "direction par différentiel" a une tout autre signification. Aujourd'hui, les tracteurs à chenilles les plus évolués font appel à une transmission hydrostatique

Cleveland 20, 1917

Fondée par les frères White, la Cleveland Motor Plow Company, devint Cleveland Tractor Company en 1917, puis Cletrac en 1918. Ce petit chenillard faisait 12/20 ch, grâce à un moteur quatre cylindres Weidly. Propriétaire, Charles Doble.

Publicité Cleveland, 1917
"Geared to the ground", *(rivé au sol), le fameux slogan de Cletrac.*

Cletrac, modèle F, 1920

Ce petit tracteur de 850 kg réussissait l'incroyable exploit de tirer une charge équivalant à 90 % de son propre poids. Les chenilles étaient guidées sur un chemin de galets interne qui lui donnait une jolie empreinte régulière. Ce fut aussi un des premiers à utiliser un galet d'entraînement surélevé.

Brochure Cletrac, années 1920

(un moteur à pompe hydraulique) pour répartir le couple du différentiel entre les chenilles, accélérant un côté tandis qu'on freine l'autre. En activant une simple manette, on peut faire marcher une chenille en avant et l'autre chenille en arrière pour faire pivoter le tracteur sur lui-même. C'est ainsi que le Caterpillar Challenger, par exemple, peut faire demi-tour sur sa seule longueur, d'un simple mouvement du volant.

Partisans et détracteurs de la direction par différentiel se laissant séduire, la Cleveland Tractor Company commercialisa une gamme de tracteurs à chenilles appréciés de 1919 à 1944, date de son rachat par Oliver Corporation. Le concept fut reconduit presque sans changement jusqu'à la fin de la marque Oliver. Par un hasard cocasse, c'est la White Motor Corporation qui racheta Oliver en 1960. La gamme de chenillards fut abandonnée en 1965.

Le plus petit des Cletrac était le modèle F de 9 ch et 850 kg construit de 1920 à 1922. Il était caractérisé par ses galets d'entraînement surélevés, à la manière des Caterpillar modernes. Au cours des années 1930, Cletrac marqua modèle par modèle la gamme Caterpillar. La Cletrac 80 battit même le Cat D8 avec 96,73 ch contre 95,27 pour le D8. Le plus gros des Oliver Cletrac fut l'OC 18 de 130 ch de 1952, équipé d'un six-cylindres Diesel Hercules de 14 660 cm^3.

Cletrac CG, 1936

Avec près de 5,4 tonnes, le CG n'était pas un petit tracteur. Il était équipé d'un six-cylindres Hercules qui développait 50 ch et d'une transmission à trois rapports. Il recevait aussi un démarreur électrique.

Oliver HG, 1952

Le HG, propulsé par un quatre-cylindres Hercules à soupapes latérales avait été commercialisé par Cletrac en 1939. Il pesait 1,8 tonne. Oliver racheta Cletrac en 1944 et reconduisit la gamme de tracteurs à chenilles sous ses propres couleurs. En 1960, la société White réorganisée – autrefois à l'origine de la marque Cletrac – se rendit acquéreur d'Oliver Corporation, prouvant que la boucle était bouclée.

Monarch et Allis-Chalmers : les "chenillards" orange

La compagnie qui porte les noms d'Edwin P. Allis et William J. Chalmers fut fondée en 1901. Allis était le plus important constructeur de moteurs industriels à vapeur et Chalmers était le président de Fraser & Chalmers qui construisait des équipements miniers. Allis était mort quelques années avant la fusion des deux firmes en Allis Chalmers Company, de Milwaukee, dans le Wisconsin, mais était bien représenté dans la nouvelle entité par ses deux fils, Will et Charles, et par son neveu Edwin Reynolds qui occupait le poste d'ingénieur en chef dans la nouvelle compagnie.

Pratiquement dès l'origine, rien n'alla bien chez Allis-Chalmers. Le contexte économique ne favorisait pas la vente de leurs produits et le conseil d'administration n'arrivait pas à se mettre d'accord pour redresser la barre. En 1912, la marque était mise sous tutelle avec Delmar Call et Otto Falk comme administrateurs et réorganisée en Allis-Chalmers Manufacturing Company. Falk était général de la garde nationale du Wisconsin et fut nommé président, un poste qu'il occupa jusqu'en 1932.

Falk se rendit compte que les efforts de diversification de ses prédécesseurs avaient échoué, car ils avaient mis tous leurs œufs dans le même panier, des engins qui

Allis-Chalmers, modèle S, 1939

Ce modèle S avait été doté d'une jolie cabine pour sa première utilisation comme chasse-neige. Il était équipé d'un quatre-cylindres de 11 057 cm³ développant 84 ch pour tirer ses 9 tonnes que sa transmission à cinq rapports permettait d'emmener à 9,6 km/h.

demandaient de lourds investissements. Quand l'économie d'une branche allait mal, toutes étaient touchées. Il amena Allis-Chalmers dans le secteur du tracteur agricole avec de petits tracteurs bon marché. Voyant que ses premiers efforts ne payaient pas, il monta en gamme avec des tracteurs du gabarit du Fordson en 1918. Les nouveaux Allis 15/30 et 18/30 se vendirent un peu mieux, mais le tracteur agricole n'était pas encore très rentable. Après dix ans de tentatives infructueuses, on embaucha Harry Merritt en 1926, apparemment pour mettre fin au secteur agricole. Au lieu de cela, Merritt, en vrai entrepreneur, redonna vigueur au secteur en divisant les coûts presque par deux, revoyant chaque pièce et racheta la Monarch Tractor Corporation de Springfield, dans l'Illinois, en 1928. En 1929, il innova en imposant le premier tracteur de couleur vive, un orange baptisé "Orange persan", qui devint la marque de fabrique du constructeur. L'acquisition d'Advance-Rumely, en 1931, avec ses agents et son réseau finit d'ancrer Allis-Chalmers dans le secteur agricole pour une longue période.

Au moment du rachat, la gamme Monarch comprenait deux tracteurs à chenilles, les modèles F ; H. Merritt les rebaptisa respectivement 75 et 50 pour mieux refléter leur puissance à la barre, et il décida de conserver le nom de Monarch pour quelques années.

Le premier chenillard Allis-Chalmers fut le modèle 35 de 1929 qui était à l'origine un Monarch, mais qui devint K en 1933 quand les chiffres furent abandonnés pour les lettres. C'est à ce moment-là que le nom de Monarch fut abandonné et que le volant fut remplacé par des leviers conventionnels. Les Allis-Chalmers avaient une direction par embrayage et freins avec un embrayage central manuel.

Au milieu des années 1930, Allis-Chalmers s'orienta vers le semi-diesel pour ses tracteurs à chenilles. Le fioul était injecté directement dans le moteur, mais le taux de compression n'étant pas assez élevé pour enflammer le carburant, on eut recours à une magnéto et à des bougies pour démarrer. Le semi-diesel, qui ne permettait pas la même économie qu'un vrai diesel, ne fut jamais bien accepté et fut abandonné avec le HD-14 de 1941, équipé d'un Diesel deux temps General Motors 6-71.

Allis-Chalmers utilisa les deux-temps GM pour ses chenillards jusqu'en 1955, lorsqu'il passa aux diesels quatre temps. Le HD-21 fut le premier avec un moteur turbocompressé de 13 825 cm^3. Le plus gros des Allis-Chalmers était le HD-41, un monstre de 45 tonnes qui devait être assemblé sur son lieu de travail. Il développait 524 ch et pouvait recevoir une lame de 9 m de large.

En 1974, la fusion d'Allis-Chalmers et de Fiat donna naissance à la Fiat-Allis Corporation.

Allis-Chalmers, modèle K, 1934

Baptisé "35" à ses débuts, ce tracteur fut renommé "modèle K" par la suite et sa production – sans le volant – se prolongea jusqu'en 1943. Un modèle K-O utilisait le moteur semi-Diesel Allis-Chalmers, un Diesel à taux de compression bas qui utilisait des bougies pour démarrer. Son quatre-cylindres faisait 7 551 cm^3 de cylindrée. Propriétaire, Alan Draper.

A-C

M
A-C

Allis-Chalmers HD-4, 1969

Ci-dessus et à droite : Le HD-4 fut commercialisé de 1966 à 1969 au prix de 12 000 dollars, lame incluse. Le moteur quatre-cylindres atmosphérique Allis-Chalmers faisait 3 276 cm^3 de cylindrée.

Allis-Chalmers, modèle L, 1939

Page ci-contre, en haut : Le modèle L de 9,9 tonnes était mû par un six-cylindres en ligne de 13 825 cm^3 qui développait 90 ch. Il était équipé de deux carburateurs et d'un collecteur d'échappement double avec deux pots de sortie de gaz. Le L fut produit de 1931 à 1942. Propriétaire, Norm Meinert.

Allis-Chalmers, modèle M, 1941

Page ci-contre, en bas : Le modèle M, présenté en 1932, fut produit jusqu'en 1942. Son moteur faisait 32 ch et avait été emprunté au modèle U, un tracteur à roues.

John Deere, modèle BO-Lindeman, 1945

Les John Deere, modèle BO, des tracteurs de verger, étaient convertis aux chenilles par les frères Lindeman de Yakima, dans l'État de Washington. Ils étaient équipés du fameux bicylindre John Deere d'environ 25 ch. Ainsi transformé le tracteur pesait 2 475 kg. Il recevait une direction par embrayages indépendants. Propriétaire, Harold Schultz.

John Deere modèle BO-Lindeman

Lindeman Power Equipment, de Yakima, dans l'État de Washington
Deere & Company, de Moline, dans l'Illinois

John Deere arriva sur le marché des tracteurs à chenilles presque par hasard. Tout avait commencé en 1923 à Yakima, dans l'État de Washington, bien loin du quartier général de John Deere dans l'Illinois, quand Jesse et Harry Lindeman se rendirent acquéreur du commerce d'outils agricoles où travaillait Jesse. Ils devinrent agents Caterpillar et vendaient des chenillards à leurs clients arboriculteurs et exploitants de vergers. Quand Holt et Best fusionnèrent, l'agent local de Best avait l'antériorité et les Lindeman se trouvèrent sans matériel à vendre. Ils se mirent alors à distribuer des modèles Cletrac et John Deere.

Mais ni les chenillards de Cletrac, ni les tracteurs à roues, modèles D ou GP, de John Deere n'étaient faits pour se faufiler sous les frondaisons – trop hauts avec des éléments dépassant du capot (pot d'échappement ou filtre à air), qui risquaient d'être arrachés. Les frères Lindeman modifièrent un GP en le débarrassant de tout ce qui dépassait et en modifiant sa fonderie pour l'abaisser. Chez John Deere on fut impressionnés et le premier John Deere pour verger le GPO ("O" comme *orchard*, verger en anglais) vit aussitôt le jour.

De nouveau, en 1932, les deux frères informent John Deere qu'ils ont quelque chose à lui montrer. Ils avaient monté les chenilles d'un Best Thirty sur un modèle D. Des essais prouvèrent le bien-fondé du concept, mais chez John Deere on préféra "cheniller" un GPO qui recevait déjà un très bon accueil auprès des arboriculteurs.

Le GPO Lindeman fut construit de 1933 à 1935. On utilisa d'abord des freins indépendants pour assurer la direction par différentiel, puis on enleva le différentiel qu'on remplaça par des embrayages pour un meilleur contrôle. En 1935, la commercialisation du GPO prit fin pour le remplacer par le modèle B dont on déclina une version "verger", le BO. Les frères Lindeman complétèrent la gamme en commandant des BO inachevés et en les dotant de chenilles pour en faire les BO-Lindeman, commercialisés de 1939 à 1947.

Les gens de John Deere furent si impressionnés qu'ils rachetèrent l'affaire des frères Lindeman le 1er janvier 1947. Le modèle M succéda au modèle B juste après et, à Yakima, les Lindeman le transformèrent en un chenillard, le MC ("C" comme *crawler*). En 1953, une version améliorée, le 40C, remplaça le MC.

En 1954, John Deere délocalisa l'unité de production des tracteurs à chenilles avec de nombreux employés de Yakima à l'usine John Deere de Dubuque, dans l'Iowa, qui fournissait les tracteurs servant de base à la construction des chenillards produits à Yakima, afin d'abaisser les coûts et de préparer la future expansion. John Deere envisageait en effet de se lancer dans les engins de travaux publics sur une grande échelle. Depuis, John Deere a produit toute une gamme de tracteurs à chenilles modernes, y compris des engins à chenilles en caoutchouc destinés à l'agriculture.

The Lindeman - John Deere Crawler Tractor

Designed and built around the famous John Deere "BO" series motor and transmission.

Four forward speeds with a speed to fit every field condition.

Calculated drawbar horsepower 16.16.

Standard type dry clutch steering with both clutch and brake controls centered in two steering levers.

Entire weight of chassis carried on larger rubber bushings between motor and track frames.

Infinite adjustment of tread. The center to center distance between tracks can be changed from a minimum of 43" up to 46" with standard crossbars, and for a slight additional charge for longer crossbar, this distance can be adjusted up to 60".

Front idler and track wheel bearings of chilled white iron, assuring practically lifetime operation in the worst of soil conditions.

Extra heavy duty cast steel swinging drawbar.

Belt pulley standard equipment with power take-off extra.

With all this, you get not only the well-known economy of the famous John Deere two cylinder engine, but the most outstanding performance in a tractor of this size.

The extreme simplicity of the John Deere motor and transmission is carried through the complete design of this crawler tractor, yet it has features never before available in crawler tractors.

Lindeman Manufacturing, Inc.
YAKIMA WASHINGTON

Prospectus Lindeman,
modèle BO-L, 1940

Brochure John Deere,
modèle MC, 1950

Le MC remplaça le BO à chenilles. Les tracteurs servant de base étaient expédiés de John Deere chez Lindeman, à Yakima, pour y recevoir leurs chenilles et être distribués sur la côte Ouest, et les tracteurs finis étaient expédiés dans l'Iowa pour la commercialisation dans le reste des États-Unis et pour l'exportation. Les nouveaux modèles ne furent pas seulement appréciés des exploitants de vergers des collines du nord-ouest, mais également par les particuliers et les petits entrepreneurs. Le dernier MC fut construit en 1952.

Les tracteurs à chenilles orphelins

Publicité des Bullock Creeping Grip et Neverslip, 1915

La Bullock Tractor Company, de Chicago, dans l'Illinois, appelait ses machines "tracteurs à roues plates" et prétendait que la moindre unité de puissance était utilisée. Même avec des noms aussi évocateurs que Creeping Grip (adhérence rampante) et Neverslip (ne glisse jamais), Bullock fit faillite plusieurs fois avant de disparaître dans les années 1920.

Comme pour les tracteurs d'une façon générale, seuls les tracteurs à chenilles les plus performants survécurent. De nombreuses petites firmes s'essayèrent à construire leur propre modèle dans les années pionnières du moteur thermique, et de nombreuses machines finirent orphelines, balayées par la récession économique de l'après première guerre ou par la grande dépression des années 1930.

Publicité Bates Steel Mule, modèle D et C, 1917

"Désormais, un tracteur adapté à toutes les conditions", annonçait cette publicité de la Joliet Oil Tractor Company. Le très joliment nommé Bates Steel Mule (mule d'acier Bates) connut de nombreuses évolutions, du léger modèle D 15/22 au massif modèle 80. Joliet fusionna avec Bates Tractor Company, de Lansing, dans le Michigan, en 1919 pour créer Bates Machine & Tractor Company. La grande dépression mit fin à la production en 1937.

Yuba Ball Tread 12/20, 1916

Plutôt qu'à des trains de roues, le système de chenilles du minuscule Yuba 12/20 faisait appel à de gros roulements à billes entre les chenilles et les supports de chenilles. La Yuba Construction Company, de Marysville, en Californie, avait acheté les droits du tracteur à la Ball Tread Company, de Detroit, dans le Michigan. Les Ball Tread couvraient une gamme allant jusqu'au 40/70 ch, toujours avec une roue directrice. Le nom fut changé en Yuba Manufacturing Company en 1918, mais la firme disparut au cours de la grande dépression.

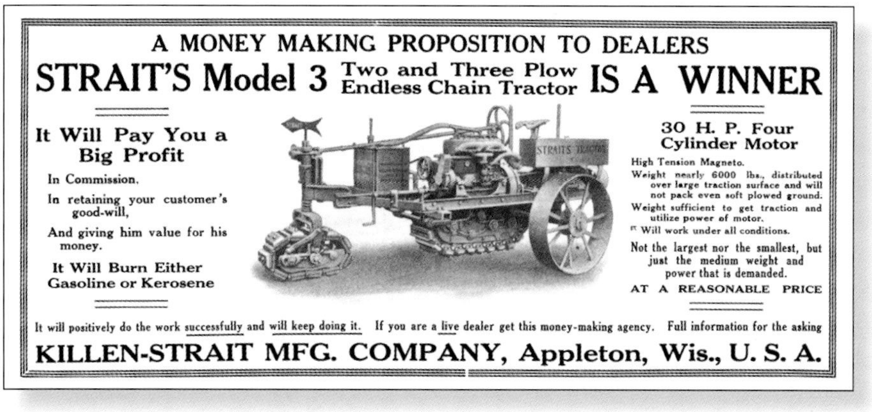

Publicité Strait, modèle 3, 1916

La Killen-Strait Manufacturing Company, d'Appleton, dans le Wisconsin, proposait son Endless Chain Tractor (tracteur à chaîne sans fin) dans les années 1910. Bizarrement le modèle 3 de Strait arborait une roue unique en vis-à-vis de la chenille arrière.

Publicité Pan Tank-Tread, 1919

La Pan Motor Company, de Saint-Cloud, dans le Minnesota, débuta dans la construction automobile en 1916, avant de présenter un tracteur à chenilles en 1917. Les fondateurs de Pan étaient apparemment plus efficaces à trouver des investisseurs qu'à construire et à vendre des automobiles ou des tracteurs. Toujours est-il que des pratiques financières douteuses et des batailles juridiques eurent rapidement raison de la compagnie.

Caterpillar D8

Caterpillar Tractor Company, de Peoria, dans l'Illinois

Caterpillar RD8, 1936

La RD8 était "du lourd" pour son époque, avec un six-cylindres de 103 ch et un poids de 15,3 tonnes. Le Seventy-Five (75) était devenu RD8 en 1936, la désignation étant remplacée par un simple D8 en 1938. Propriétaire, Larry Maasdam.

En termes de poussée, le D8 était le tracteur à chenilles préféré de tous, l'équivalent d'une Forteresse volante B-29 dans le monde des bulldozers, jusqu'à l'arrivée du D9 en 1954. Jusque-là, le terme D8 était l'équivalent de B-29, synonyme d'indestructibilité. Personne n'avait vraiment besoin de plus de puissance que n'offrait le D8, bien que les acheteurs de D9, D10 et D11 en aient apparemment eu l'impression.

Le D8 était une évolution du Diesel Seventy (70) de 1933. Fin 1933, Caterpillar construisit un moteur modulable avec un alésage x course de 131,25 x 200 mm qui pouvait être décliné en trois, quatre et six cylindres. Quand la version six cylindres fut installée dans le châssis du Diesel Seventy il fut rebaptisé Seventy-Five. En 1936, Caterpillar abandonna la nomenclature chiffrée qui semblait refléter la puissance pour une nomenclature plus abstraite à lettres et chiffre et le Seventy-Five devint le RD8. Plus tard, la lettre "R" fut réservée aux modèles à essence et la lettre "D" aux diesels, d'où le D8.

Le plus fameux des D8 fut le U, produit de 1947 à 1955. Le moteur de base affichait à présent 143,75 x 200 mm et, en 1955, la puissance grimpait à 155 ch. Le D8, qui utilisait une transmission à cinq rapports, pesait 16 650 kg.

Les anecdotes sur les exploits du D8 abondent. Beaucoup d'entre elles ont été rapportées par l'oncle de l'auteur, Norman Pripps, un ancien des bataillons de construction de la Navy dans le Pacifique Sud. Ses équipes utilisaient des tracteurs à chenilles Allis-Chalmers et International Harvester aux côtés du D8. Ils abandonnaient successivement les premiers à la fin de chaque chantier sur les îles, mais conservèrent les mêmes D8 jusqu'à la fin de la guerre. Il fallait une poussée d'appoint pour qu'ils remplissent complètement leur *scrapper* Letourneau, alors que le D8 le faisait déborder sans aide. Quand ils dessouchaient, la lame du D8 se pliait sous la poussée si l'arbre résistait.

Le D8 avait le bon équilibre, la bonne puissance et un son d'échappement très plaisant. On raconte qu'un opérateur, auquel on avait donné un International Harvester à la place de son D8 pour le débardage, avait tordu son pot d'échappement. Quand on lui avait demandé pourquoi il l'avait fait, il avait répondu : "Si je ne peux pas avoir un Caterpillar, je veux au mois avoir un engin qui fait le même bruit !"

Caterpillar Diesel Seventy-Five, 1934

Le Diesel Seventy-Five, produit de 1933 à 1935, tirait 93 ch de son six-cylindres 131,25 x 200 mm. Carl Skirvin est aux commandes. Propriété des frères Skirvin.

"Personne ne peut prédire l'avenir en ces temps de troubles, mais une chose est sûre, la mécanisation des forces d'attaque sera un facteur déterminant. Les hommes courageux seront toujours nécessaires pour la conduite des engins, mais ce sera une guerre de machines, plutôt qu'une guerre d'hommes."
(Maréchal Foch, commandant en chef des Armées pendant la Première Guerre mondiale, 1926)

Leo Steiner, un fermier hongrois propriétaire d'immenses domaines agricoles, avait lu des articles sur les grandes fermes américaines fortement mécanisées. Une large partie de son domaine étant composée de terres humides, il avait commandé un tracteur à chenilles Holt modèles 60. Il aimait tellement cet engin qu'il demanda à devenir agent de la marque et obtint la concession pour la Hongrie, l'Autriche et l'Allemagne en 1912.

Steiner défia tous ses concurrents dans des concours de traction sur l'ensemble de son territoire, tant et si bien que les exploits de ses Caterpillar finirent par attirer l'attention des autorités militaires autrichiennes. Les Autrichiens demandèrent des démonstrations supplémentaires et invitèrent leurs homologues allemands à y assister. Les Allemands ne furent pas convaincus de l'intérêt militaire des Holt, mais leur opinion changea en 1913, et Steiner fut sommé de commander tous les Caterpillar disponibles et de se renseigner sur une éventuelle licence de fabrication. Fort heureusement pour les forces alliées, les Allemands avaient traîné jusqu'à la déclaration de guerre et toutes les commandes des puissances d'Europe centrale furent bloquées après la livraison des premiers Caterpillar.

Le 28 juin 1914, le prince héritier d'Autriche était assassiné à Sarajevo en Serbie et la guerre éclatait entre l'Autriche et la Serbie. Par leur traité d'alliances mutuelles, l'Angleterre, la France et l'Allemagne furent entraînées dans le conflit, déclenchant la Première Guerre mondiale. Les États-Unis s'y engageaient à leur tour le 6 avril 1917.

Des commandes du Holt Caterpillar 75 suivirent rapidement de la part des Alliés. Après que l'Angleterre, la France et la Russie eurent passé commande de plus de mille Caterpillar, le département de la Guerre américain consentit finalement à faire des essais en 1915. Le ministère de la Guerre avait pour philosophie de considérer la force animale comme la seule fiable en temps de guerre, mais en 1916, l'armée commandait finalement vingt-sept Holt Caterpillar.

Les Caterpillar prirent aussitôt du service quand le président Woodrow-Wilson ordonna au général John "Blackjack" Pershing d'organiser une expédition punitive au Mexique contre les révolutionnaires de Pancho Villa. Si Pershing ne parvint pas à capturer Villa, les Caterpillar quant à eux s'avérèrent indispensables dans l'acheminement des troupes et du matériel à plus de cinq cent soixante kilomètres à l'intérieur d'un territoire sans routes. Les louanges de Pershing donnèrent crédit aux tracteurs à chenilles auprès des instances dirigeantes de l'armée. Pendant ce temps, Earnest D. Swindon, colonel de l'armée britannique, avait eu un rapport très élogieux concernant les Caterpillar Holt sur le front belge où les gros bulldozers s'étaient révélés impossibles à arrêter dans les pires conditions. Il demanda à la compagnie britannique Foster de construire un engin blindé à chenilles - qui allait rapidement prendre le nom de "tank" -, utilisant la licence Hornsby-Akroid-Roberts cédée à Holt. Ces tanks furent utilisés en septembre 1916 au cours de la bataille de la Somme avec une grande efficacité, mettant un terme à la guerre de tranchées.

Holt n'avait rien à voir avec les tanks, mais c'est la technique des Caterpillar qui était néanmoins utilisée. Simultanément, les Caterpillar étaient blindés par les Alliés pour pousser les gros canons en position de tir, ce qui fit dire aux journaux américains que Holt était à l'origine des tanks. Après la guerre, Swindon se répandit en louanges sur le Holt le qualifiant de "berceau du tank".

Publicité Caterpillar, années 1940
Prédécesseur du tank de la Première Guerre mondiale, le tracteur à chenilles fut aussi réquisitionné pendant la Seconde Guerre mondiale sur tous les fronts. Le Caterpillar servit à tout, de la construction de l'autoroute Alcan (reliant l'Alaska au reste des États-Unis par le Canada, devant la menace d'invasion japonaise après Pearl Harbour), au déblaiement des plages et à l'aménagement des têtes de ponts par les bataillons de construction du Pacifique.

JOHN DEERE

CHAPITRE 5

Les années classiques (1935-1960)

*“Cultiver paraît tellement facile
quand on laboure avec son stylo
à mille kilomètres d’un champ de maïs.”*
(Dwight D. Eisenhower,
Président des États-Unis d’Amérique, 1956)

John Deere, modèle BW, 1935
Photo principale: Le modèle B, le plus populaire des tracteurs polyvalents de John Deere, fut présenté en 1935. Ce BW à essieu avant large est l’un des vingt-cinq construits avec l’axe avant “set-screw” (à un seul écrou de fixation). Propriétaire, la famille Keller.

Brochure du Ford 8N, années 1950
Ci-dessus: Henry Ford avait révolutionné le tracteur une première fois avec son Fordson, il renouvela l’exploit en 1939 avec la série des N.

Le meilleur et le pire de l'époque

En 1935, les États-Unis étaient à peu près sortis de la grande dépression et les ventes de tracteurs reprenaient ; la saignée du début des années 1930 prenait fin. La vie restait dure à la ville comme à la campagne, mais la politique du New Deal de Franklin Delano Roosevelt commençait à produire ses effets. Il avait relevé le revenu des fermiers ; l'électricité arrivait dans certaines zones rurales et on trouvait même le téléphone dans certains endroits. Les choses s'amélioraient pour l'agriculteur.

Le bruyant petit Fordson avait été exilé en Angleterre par le nouveau tracteur "row-crop" à tout faire, et la vapeur avait définitivement disparu du paysage rural. Les ventes de 1934 affichaient une augmentation de 40 % par rapport à celles de 1933 et les constructeurs rescapés proposaient de nouvelles machines modernes.

Quelques menaces apparaissaient pourtant à l'horizon avec les dictatures nées des suites de la Première Guerre mondiale qui s'était achevée dix-huit années plus tôt. Le national-socialisme d'Adolf Hitler menaçait d'envahir toute l'Europe et d'entraîner le monde dans une nouvelle guerre mondiale. Le descendant du tracteur à chenilles agricole, le tank, devint l'une des armes prépondérantes des deux côtés et les tensions résiduelles du conflit débouchèrent sur la guerre froide.

Les années 1940 et 1950 furent à la fois les meilleures et les pires pour le tracteur agricole. Le marché fut en expansion constante jusqu'en 1954, date à laquelle l'industrie subit un choc similaire à celui des années 1920 avec un marché concentré dans les mains de quelques constructeurs.

Au fil de ces décennies, l'aspect du tracteur tel qu'il avait été imposé par le tracteur à tout faire d'International Harvester, le Farmall, changea peu. Les changements furent plus des évolutions que des révolutions, incluant notamment l'apparition de l'hydraulique, de nouveaux carburants et de la prise de force indépendante. Les constructeurs fabriquèrent de meilleurs tracteurs grâce aussi aux leçons apprises de la Seconde Guerre mondiale.

Massey-Harris Challenger, 1937

Ci-dessus et page opposée : Le Challenger était une version "row-crop" modernisée du Wallis 10/20 et fut construit de 1936 à 1938. Propriétaire, Howard Dobbins.

Chronologie

- 1937 : incendie du dirigeable Hindenburg à New Jersey
- 1939 : l'Allemagne envahit la Pologne, début de la Seconde Guerre mondiale
- 1939 : première émission télévisée en Amérique
- 1941 : les Japonais bombardent Pearl Harb or ; les États-Unis entrent en guerre
- 1944 : les Alliés débarquent en France le 6 juin
- 1945 : fin de la guerre en Europe en mai ; fin de la guerre dans le Pacifique en août après deux bombardements atomiques sur le Japon
- 1946 : le capitaine Chuck Yeager de l'US Air Force dépasse le mur du son
- 1950 : début de la guerre de Corée
- 1951 : explosion de la première bombe à hydrogène
- 1954 : lancement du *Nautilus*, premier sous-marin nucléaire
- 1959 : brevet de la première puce électronique

Victime du ferraillage

Ford-Ferguson 2N (système Ferguson), 1942

Ce que tout collectionneur rêve de trouver : un vieux tracteur oublié dans les ronces que son propriétaire soit disposé à vendre.

Au cours des premières années de guerre, de nombreux changements intervinrent dans la vie quotidienne pour participer à l'effort de guerre. Les hommes trop âgés pour servir et les femmes de tous âges étaient encouragés à trouver du travail dans les usines de "défense", dans les fermes ou dans la construction pour l'effort de guerre. L'essence, le beurre, la viande, les chaussures et de nombreuses autres denrées étaient rationnées. Chaque membre de la famille avait son carnet de tickets, et des bons d'essence étaient alloués à chaque véhicule.

Simultanément, les scouts, les jeannettes, les églises, les anciens combattants et les ferrailleurs récoltaient le métal. Quiconque possédait un vieux tracteur ou tout autre véhicule hors service était encouragé à le donner pour l'effort de guerre. Les grands-pères des deux auteurs se débarrassèrent ainsi, l'un d'un magnifique Case à vapeur, l'autre d'un tracteur à chenilles Cleveland JT de 1918. Des quantités inimaginables de vieux tracteurs finirent de même.

Oliver 80 Diesel
À gauche et ci-dessous : Le 80 était une évolution des Oliver Hart-Parr 18/27 et 18/28 de 1930-1937. La version "Diesel" avait été introduite en 1940 avec un moteur Buda-Lanova. Plus tard, Oliver le remplaça par un de ses propres moteurs.

Allis-Chalmers, modèle UC, 1935
À droite : L'UC, produit de 1930 à 1941, fut le premier row-crop d'Allis-Chalmers et était en tout point semblable au modèle U. D'abord équipé d'un moteur Continental à ses débuts, comme le modèle U, les versions ultérieures reçurent un moteur Allis-Chalmers.

Case, modèle VC, 1941
Le VC de Case succéda au modèle RC en 1940 et fut remplacé par le VAC en 1942. Le moteur à soupapes latérales du VC était d'origine Continental.

Ferguson TO-35, 1955
Après la rupture avec Ford, le TO-35 d'Harry Ferguson fut construit à Detroit. Il recevait un moteur Continental de 2 195 cm³, une transmission à six vitesses et pesait environ 1 350 kg. Propriétaire, Palmer Fossum.

Appel à la ferraille
Pendant les deux conflits mondiaux, les appels à la ferraille menèrent de nombreux tracteurs aux hauts-fourneaux, transformant les charrues en épées pour le conflit. Cette publicité de Minneapolis-Moline informe les agriculteurs que la liberté – sous la forme de la statue du même nom – sera gravement menacée s'ils ne mènent pas leurs vieux tracteurs à la ferraille. On passe sous silence qu'il leur faudra de fait acheter un nouveau tracteur, et de préférence un Minnie-Mo Jaune Prairie.

John Deere modèle B

Deere & Company, de Moline, dans l'Illinois

Le modèle B de John Deere amena probablement plus de fermiers à la mécanisation que n'importe quel autre tracteur depuis le Fordson. De sa présentation en 1935 à son retrait en 1952, il en fut produit plus de trois cent mille exemplaires.

Le modèle B fut produit à peu près simultanément, en parallèle du modèle A plus puissant, qui avait été présenté en 1934. Les deux tracteurs proposaient un relevage hydraulique, des voies arrière réglables et un carter unique, autant de nouveautés techniques en 1934-1935. Le modèle B, de 1 260 kg, entrait en concurrence avec un attelage de deux chevaux et ne coûtait pas beaucoup plus.

En fait, les chevaux se fatiguant et ayant besoin de récupérer, le modèle B pouvait remplacer deux attelages. Les modèles ultérieurs gagnèrent quelques chevaux et remplacèrent le modèle A. Le moteur des premiers modèles B faisait 2 441 cm³ de cylindrée et développait 15 ch avec une transmission à quatre vitesses.

Brochure de John Deere, modèles A et B, années 1930

John Deere, modèle B-Garden, 1935

Ce modèle B portant le numéro de série 1798 fut fabriqué en décembre 1934. Après avril 1935, le pivot avant à quatre écrous fut remplacé par un huit-écrous et la nomenclature fut changée en BN (N pour narrow *[étroit]), indiquant le train avant monoroue. Lorsqu'il fut acheté par Walter Keller, d'Helena, en Californie, ce tracteur avait le mauvais train avant. Keller se mit en tête de le remettre dans sa configuration d'origine, le mit sur chandelles et décida d'en profiter pour changer le volant moteur qui fuyait. Pendant l'opération, il tourna le volant moteur d'un quart de tour, ce qui fit démarrer le moteur. Inutile de dire qu'il y eut un petit mouvement de panique dans l'atelier.*

En 1938, le modèle B reçut les soins du *designer* Henry Dreyfuss, ainsi qu'un nouveau moteur de 2 867 cm³ et 19 ch. En 1947, le modèle reçut un nouveau *design* des studios d'Henry Dreyfuss et le moteur de ce dernier B "nouveau style" fut porté à 3 112 cm³ et 28 ch dans sa version essence avec transmission à six vitesses.

Les modèles A et B furent les premiers John Deere à tout faire. Les roues avant jumelées étaient proposées en série, mais des versions "monoroue" ou à train avant large étaient également disponibles, ainsi que des versions "standard", "industrielle" et "verger". Plus tard, on y ajouta des versions surélevées et des versions étroites spéciales, tout comme les variantes chenillées du BO de Lindeman.

John Deere, modèle BW, 1935

Ci-dessous : À droite, Walter Keller propriétaire du modèle B et à gauche, Ruben Schaeffer, 83 ans, propriétaire de la grange qui sert de fond.

John Deere Model Bs, 1935

Ci-dessus : Deux rares modèles B avec deux collectionneurs-restaurateurs au volant. À gauche le BW de Walter Keller et à droite le B- Jardin de Walter Bruce.

John Deere, modèle BW, 1935

Ce BW (W pour wide *[large]) à train avant large, est équipé des roues optionnelles F & H à pneumatiques. Les premiers modèles B, comme celui-ci, recevaient un moteur bicylindre de 2 441 cm³.*

John Deere, modèle BN carrossé, 1943
Ce BN (N pour narrow *[étroit]) de la Seconde Guerre mondiale fut livré avec des roues en fer. Le rapport "route" n'était pas installé quand les tracteurs n'étaient pas montés sur pneumatiques. De 1941 jusqu'à la mi-1947, le B reçut un moteur de 2 867 cm³ puis, un 3 112 cm³. Propriétaire, Larry Maasdam.*

L'aérodynamique envahit les fermes

"On dirait qu'il vaut des millions : et aussi bon qu'il en a l'air."
(Publicité du Graham-Bradley dans le catalogue "Sears Roebuck", 1939)

Au milieu du XXe siècle, les constructeurs prirent soudain conscience que l'aspect extérieur d'un produit avait un effet positif sur les ventes. Des couleurs chatoyantes et des lignes séduisantes firent leur apparition sur tous les produits manufacturés, de l'électroménager aux emballages de denrées alimentaires, en passant par les postes de radio. Les voitures, qui jusque-là se ressemblaient toutes, furent affublées de grilles de radiateur personnalisées, d'élégantes ailes carénées, de pare-brise fortement inclinés et de moteurs comptant jusqu'à seize cylindres.
La grille de calandre et les ouïes de capot étaient les éléments d'identification du style automobile dans les années 1930 et il n'est pas surprenant qu'elles aient fini par faire leur apparition sur les tracteurs. Le premier tracteur américain à recevoir un tel traitement fut l'Oliver Hart-Parr 70. Il était vendu comme "si semblable à une automobile" que les "copains" et leurs "sœurs" voudraient tous l'essayer.
Le mot "*streamline*" (aérodynamique) fut rapidement utilisé par les constructeurs pour décrire cette nouvelle race de tracteurs. La version "verger" du Minneapolis-Moline modèle J semblait prête à s'aligner sur la grille de départ des 500 Miles d'Indianapolis. En 1937, le modèle B d'Huber, le Pacemaker de Massey-Harris, le Z de Minneapolis-Moline et le glorieux Graham-Bradley de la Graham-Paige Motor Corporation, de Detroit, dans le Michigan, reçurent tous une élégante carrosserie.
En 1938, les grands constructeurs réagirent à leur tour. John Deere loua les services du grand *designer* industriel new-yorkais, Henry Dreyfuss, pour rhabiller toute sa gamme. Par la suite, les studios Dreyfuss habillèrent tous les John Deere. International Harvester embaucha le styliste automobile Raymond Loewy. Le premier des beaux International Harvester rouges fut le TD-18. Il ne s'agissait pas que d'un habillage, les deux *designers* avaient tout réétudié, de l'ergonomie du siège à la visibilité pour cultiver, apportant des changements qui allaient perdurer. L'apogée du style avant-garde fut atteint en 1938 sur le Minneapolis-Moline UDLX Comfortractor (UDLX se comprenait comme "modèle U-de-luxe", en américain), équipé de la première cabine d'usine de série avec un équipement digne d'un coupé sportif. Il était vendu comme le tracteur qui pouvait aller aux champs le jour et vous conduire en ville le soir, grâce à une vitesse sur route de 64 km/h !

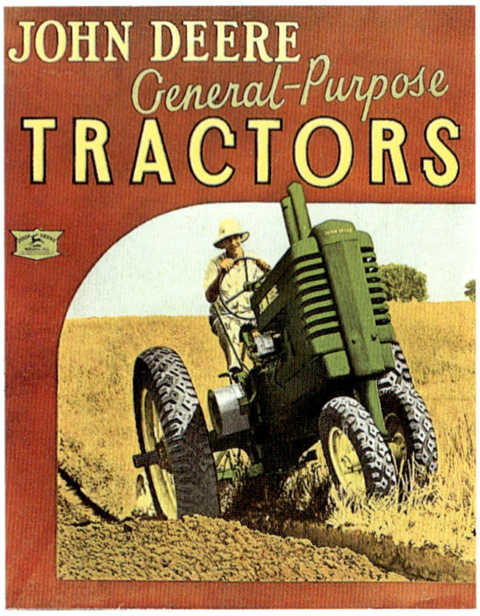

Brochure des John Deere, modèles A et B carrossés, années 1940

L'influence du style et de la technique automobile sur le tracteur atteignit un sommet en 1939 quand Henry Ford commença à travailler sur ce qui allait devenir le Ford 9N. Il confia l'apparence de son futur tracteur au studio de style de la Ford Motor Company et le style du nouveau tracteur s'aligna sur celui des automobiles Ford, Mercury et Lincoln et sur celui des camions de la marque, qui était alors en pleinement arts-déco. Mais avant tout, son style était fonctionnel, économique à produire et ses dimensions avaient été étudiées pour qu'il tienne en travers dans une caisse d'automobile, ce qui constituait une substantielle économie pour le transport.

Le phénomène du *streamlining* dura dix à douze ans, avant de devoir se régénérer. La couleur était devenue un facteur d'identification fort et peu de marques changèrent de couleur après 1940. Vers la fin des années 1950, l'ergonomie – la science qui prend en compte les besoins du corps humain - commença à pointer le bout de son nez. Des poignées et des plaques de sécurité firent leur apparition, ainsi que des silencieux ou des phares plus performants, mais aussi des commandes mieux adaptées. Finalement, vers la fin des années 1950 on étudia des cabines bien isolées, insonorisées et dotées de l'air conditionné.

John Deere, modèle G carrossé, 1947

Le modèle G, présenté en 1937, était la version "row-crop" du modèle D standard. Ils partageaient la même puissance, bien qu'ils soient dotés de moteurs différents. Le G pesait également 450 kg de moins que le D. Le modèle 1942 reçut une carrosserie "aérodynamique" dessinée par le designer *industriel de grand renom, Henry Dreyfuss. Le modèle 1947 recevait un siège avec dossier et un démarrage électrique.*

Oliver, modèle 66, années 1940

L'élégant modèle 66 d'Oliver débuta en 1947 pour l'année-modèle 1948. Des moteurs essence, Diesel ou GPL de 2 133 cm³ étaient proposés, ainsi qu'un 2 359 cm³ fonctionnant au distillat de pétrole. Tous étaient des quatre-cylindres vendus pour une puissance d'environ 20 ch. Des versions "standard" ou "row-crop", avec train avant étroit ou large, étaient disponibles. Celui-ci est un 66 Diesel row-crop à train avant large.

DIESEL POWER
OLIVER
ROW CROP
66

Farmall M, 1944

Deux photos du haut : Le Farmall M, qui avait succédé au F-30, était le plus gros des Farmall. Il était équipé d'un quatre-cylindres de 4 057 cm^3 et pouvait tirer une charrue trois socs. Des moteurs essence, Diesel ou distillat étaient proposés. Les ventes du Farmall M atteignirent plus de vingt-deux mille exemplaires par an.

Minneapolis-Moline YT, 1937

Minneapolis-Moline voulait un petit tracteur pour contrer le Farmall F-14 et le John Deere H et pensa que l'YT était la bonne réponse. Mais l'YT n'entra jamais en production et celui-ci est l'un des vingt-cinq prototypes qui furent construits. Il présente l'originalité d'être équipé d'un bicylindre vertical de 1 523 cm^3,la moitié du moteur d'un modèle Z. Propriétaire, Walter Keller.

Minneapolis-Moline modèle UDLX Comfortractor

Minneapolis-Moline Company, de Minneapolis, dans le Minnesota

Le plus fameux des modèles U de Minneapolis-Moline fut l'UDLX ou U-Deluxe, ou encore Comfortractor. Il avait été étudié pour être le tracteur avec lequel le fermier pouvait se rendre en ville après avoir travaillé tout le jour à son volant, à l'ahurissante vitesse de 64 km/h ! Il était doté d'une transmission synchronisée à cinq rapports, d'essuie-glaces, de phares avec codes, de feux arrière, d'un allume-cigare, d'un compteur de vitesse et d'une banquette à trois places.

Sous cette carrosserie, l'UDLX cachait en fait un modèle UTS. La cabine était très confortable, mais en l'absence de relevage hydraulique, la porte arrière devait rester ouverte pour relever les instruments par les leviers manuels. Le tracteur n'était pas très pratique pour d'autres travaux que la traction et il n'y avait ni poulie, ni prise de force. L'UDLX n'était pas non plus très à l'aise sur les routes, car il n'avait pas de suspension et, même à basse vitesse, il avait tendance à se dandiner comme un canard. Là où l'UDLX s'avérait le plus utile c'était dans le transport d'un chantier à l'autre, qui pouvait se faire dans un relatif confort et à une vitesse raisonnable.

L'UDLX pesait 2 025 kg et utilisait le même moteur quatre cylindres à soupapes en tête de 4 652 cm^3 que l'UTS, qui développait environ 40 ch. Parmi les inconvénients notons qu'en l'absence de relevage hydraulique, on devait relever les outils par la porte arrière, on ne pouvait pas obtenir de poulie ni de prise de force et l'absence de suspension rendait les voyages à "haute" vitesse insupportables. Les mauvaises langues prétendaient que la meilleure utilisation que l'on pouvait faire de l'UDLX était de retourner chez le concessionnaire à son volant.

Toujours est-il que l'UDLX souleva un vif intérêt à l'époque, tout comme aujourd'hui.

En fin de compte, il ne fut construit que cent cinquante exemplaires de cet élégant tracteur pas vraiment pratique. Il fait partie des tracteurs les plus recherchés des collectionneurs aujourd'hui.

Brochure Minneapolis-Moline, modèle UDLX, années 1930

Minneapolis-Moline, modèle UDLX aux champs, années 1930

Un Comfortractor tire une récolteuse de maïs pour une magnifique récolte.

HAESE MEMORIAL VILLAGE

HAESE MEMORIAL VILLAGE

Minneapolis-Moline, modèle UDLX, 1938

Premier tracteur à proposer une cabine complètement fermée, l'UDLX avait été pensé comme le tracteur qui permettait de travailler toute la journée et de se rendre en ville le soir. Il pouvait accueillir trois personnes, était pourvu d'essuie-glaces, d'un compteur de vitesse, d'un allume-cigare et d'une transmission synchronisée. Propriétaire, la famille Keller.

L'hydraulique : une révolution pratique

"Retirer au muscle et au sang le fardeau du travail à la ferme pour le transférer au métal et au moteur."
(Henry Ford)

Le plus grand pas en avant pour le tracteur agricole fut probablement l'adoption de l'hydraulique. Aujourd'hui qu'elle est omniprésente, comme la poussière sur le sol, on se demande pourquoi elle a mis tant de temps à s'imposer. Deux raisons à cela, les pompes à haute pression n'existaient pas et les cylindres haute pression n'avaient pas une durée de vie suffisante dans la saleté environnante.
Le premier tracteur à proposer l'hydraulique pour le relevage des instruments fut le John Deere modèle A de 1934. Le système fonctionnait sous basse pression et était enfermé dans le carter de pont pour le protéger de la poussière. Les autres constructeurs suivirent, avec des systèmes similaires jusqu'à l'arrivée du système de relevage à trois points du Ford-Ferguson, en 1939.
Le système breveté par Ferguson était différent de celui de John Deere, car il avait un retour. Le déplacement du levier de contrôle envoyait un signal d'erreur à la centrale qui repositionnait aussitôt l'outil. Le secret du système Ferguson c'était qu'une surcharge du système hydraulique provoquait le même signal d'erreur et que lorsque la charrue heurtait quelque chose de dur, le système la relevait jusqu'à ce qu'elle retrouve l'effort correspondant à ce qu'avait sélectionné l'opérateur. Le tout se faisait automatiquement sans intervention de l'opérateur, faisant du labourage un jeu d'enfant, même pour les plus inexpérimentés. Pour le prouver Henry Ford demanda à un jeune garçon de huit ans de faire la démonstration lors de la présentation du 9N.

Ford 961 Diesel, 1959
Les tracteurs de la série 901 étaient des row-crop de 50 ch proposés par Ford de 1958 jusqu'à 1961. Le 961 était mû par un moteur quatre-cylindres de la série 801 de 2 817 cm³ et était doté d'une prise de force et d'une transmission à cinq rapports. Propriétaire, Floyd Dominique, au volant.

Case 300 B Tripl Range, 1959
Deux photos ci-dessus : Le 300 B remplaçait le 300 construit à l'usine de Rock Island qui avait lui-même remplacé le VA. Le 300 et le 300 B utilisaient tous deux un moteur Case à essence de 2 424 cm³ ou un Diesel Continental de 2 572 cm³. La transmission Tripl Range consistait en une transmission de base à quatre rapports avec chacune trois rapports auxiliaires donnant douze vitesses avant et trois marches arrière.

Brochure du John Deere modèle A, années 1930

Le modèle fut commercialisé en 1934. C'était le premier à être équipé d'un système de relevage hydraulique.

Allis-Chalmers, modèle C, 1945

Deux photos ci-dessus : Ce modèle C a été converti pour un chargeur Northfield. Le C était en fait un modèle B avec un train avant étroit, proposé de 1939 à 1949. Il fut suivi du modèle CA de 1949 à 1958 avec un moteur plus puissant et des voies ajustables. Propriétaire, Kenneth Anderson.

John Deere, modèle AWH, 1952
Bien que 1952 fût en principe le dernier millésime pour le modèle A, quelques versions AO (vergers) et AR (voie avant large) furent encore produites en 1953. Cette rare version "Hi-Crop" (surélevée) est l'une des dernières de ce type. Le A fut d'abord commercialisé sans véritable carrosserie puis reçut un habillage de tôle en 1938 et fut rhabillé en 1947 dans une version que les collectionneurs appellent "style tardif".

Ford-Ferguson 9N

Ford Motor Company, de Dearborn, dans le Michigan

Le Ford-Ferguson fut l'un des tracteurs les plus importants et les plus significatifs du XXe siècle. Il marquait le passage du "row-crop", comme les Farmall, au style "standard", aujourd'hui universel, et inaugurait le système de transfert de charge à trois points. Bien que léger – il pesait à peine plus d'une tonne avec un moteur de 1 966 cm³ –, il labourait 4,8 hectares par jour à une profondeur de 35 cm. Une profondeur à laquelle seuls quelques tracteurs bien plus puissants et bien plus chers, comme le John Deere modèle G ou le Farmall M, pouvaient prétendre. Plus de huit cent quarante mille Ford de la série N furent vendus sur une période de douze années, à un prix record de 600 dollars qui monta jusqu'à 1 200 dollars. Au plus fort de sa popularité, il s'en vendait neuf mille par mois.

Le Ford-Ferguson fut dévoilé en 1939, comme l'indique le "9" de sa nomenclature. L'Irlandais Harry Ferguson avait abandonné son partenariat avec le fabricant anglais d'engrenages, David Brown, pour faire affaire avec le magnat de l'automobile, Henry Ford. Ferguson travaillait à son système depuis les années 1920. Il l'avait d'abord appliqué au Fordson, puis ensuite à un tracteur de sa propre conception, le Ferguson-Brown, avant de l'adapter sur le Ford-Ferguson. En 1942, la version 2N de temps de guerre, un 9N dépourvu de système électrique

Harold L. Brock, ingénieur des Ford N, années 1990

Harold L. Brock présente le modèle à ressort avec lequel Harry Ferguson expliquait le fonctionnement de son système de relevage à trois points. Il fut d'abord montré à Henry Ford par Harry Ferguson au rendez-vous connu sous le nom de "Handshake Agreement" (une poignée de main en guise de contrat ou le "tope-là !"). Photo Robert N. Pripps.

Ford-Ferguson 9N, 1941

La version 1941 du fameux 9N se reconnaît à ses nombreuses pièces chromées, comme le bouchon de radiateur et le pommeau de levier de changement de vitesses. Propriétaire, Jack Crane.

Ford-Ferguson 9N, 1939
Ce 9N a probablement été construit pendant les premières semaines de production et arbore encore le capot en aluminium coulé. En raison de leur fragilité, ceux-ci sont particulièrement rares aujourd'hui. Les propriétaires de telles machines, comme Palmer Fossum qui possède celui-ci, polissent souvent leur capot pour les faire briller comme du chrome.

et de pneumatiques, fut lancée. Lorsque ces deux accessoires furent à nouveau disponibles sur le 2N, il conserva néanmoins son nom qui permettait d'appliquer le prix surtaxé de temps de guerre.

En 1948, le 8N modernisé prenait la relève, mais Harry Ferguson avait été évincé par le nouveau président du groupe Ford, Henry Ford II. Le jeune Henry, petit-fils du fondateur, s'était aperçu que la compagnie avait déjà perdu 25 millions de dollars en vendant les tracteurs qu'elle produisait à Harry Ferguson qui les revendait dans son propre réseau de concessionnaires. L'interprétation du “tope-là !”, le contrat verbal qui liait Ford et Ferguson, par le jeune Henry était que chacun pouvait reprendre sa liberté à tout instant et sans explication. Bien

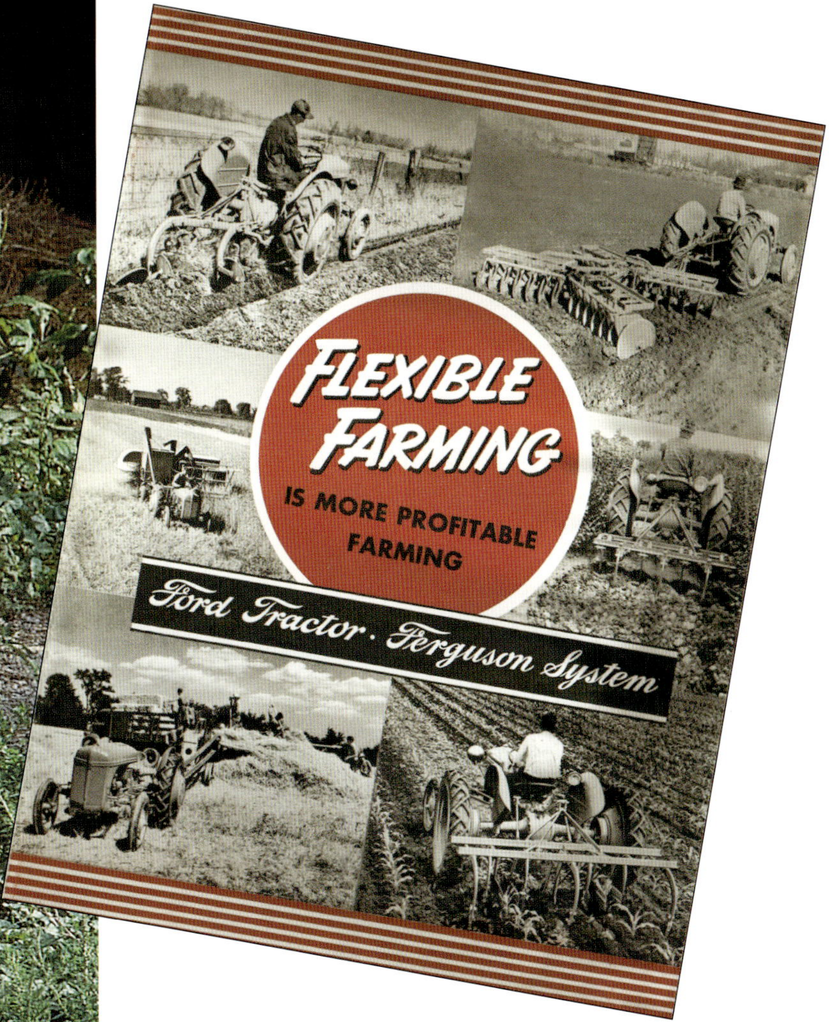

Brochure Ford-Ferguson 9N, années 1930

qu'Harry Ferguson eût partagé ce point de vue, il n'entendait pas que Ford utilisât son système, dûment breveté, sans lui payer de droits. Un procès long et coûteux s'ensuivit.

Finalement, Ford accepta de payer 12 millions de dollars – une partie de ce que réclamait Ferguson – et de construire un nouveau tracteur, le NAA Jubilee, équipé d'un système hydraulique différent du Ferguson. Le brevet de Ferguson était de toute façon arrivé à expiration et tous les constructeurs s'étaient jetés dessus. Ferguson proposa sa propre version du 8N, le TE20, construit en Angleterre et le TO-20 construit à Detroit. Ferguson vendit, par la suite, l'affaire à Massey-Harris qui devint plus tard Massey-Ferguson.

Ford-Ferguson 2N, 1945

Ce Ford-Ferguson 2N porte une charrue à deux disques sur son attelage à trois points. Le 2N était équipé d'un quatre-cylindres à soupapes latérales de 1 966 cm³ qui donnait 23 ch. Propriétaire, Dean Simmons, de Fredrickstown, dans l'Ohio.

Ford-Ferguson 2N, 1946

Construit de 1942 jusqu'à la moitié de l'année 1947, le 2N avait débuté comme version de temps de guerre sans démarreur, sans alternateur ni pneumatiques. Lorsque ces éléments furent retirés de la liste des biens de première nécessité, ils furent réintroduits sur le 2N. Le 2N était d'un gris assez soutenu. Celui-ci a été peint à la manière des 8N par son propriétaire, Doug Marcum.

Ford 8N, 1952 et Ford 601 Workmaster, 1960

Ces deux tracteurs ont été “remis à zéro” par N-Complete de Wilkinson, dans l'Indiana. Plus qu'une restauration, il s'agit d'une remise à neuf avec une nouvelle garantie.

Ford, modèle 8N, 1952

Ci-dessus : C'était la version finale du vénérable 8N, le tracteur Ford le plus vendu après le Fordson modèle F – plus de 520 000 8N et 750 000 Fordson F ont été construits. Le collectionneur Palmer Fossum est au volant.

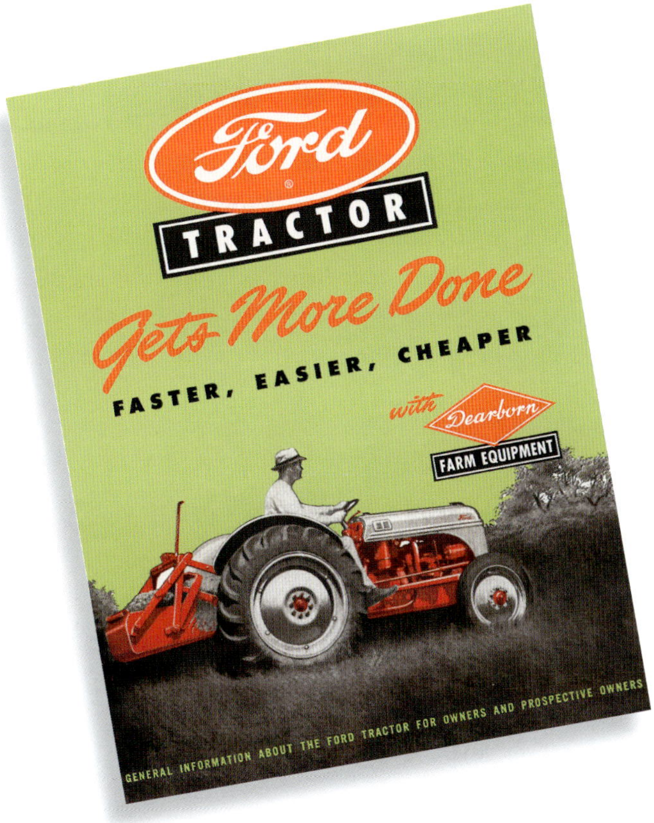

Brochure du Ford 8N, années 1950

Le génie d'Harry Ferguson

"Vous n'êtes pas assez riche pour acheter mon brevet."
(Harry Ferguson à Henry Ford au moment du fameux "tope-là !", 1938)

Henry George, dit Harry, Ferguson est né à Growell, en Irlande du Nord en 1884. Il était le quatrième de onze enfants, plus que ne pouvait nourrir la famille, aussi suivit-il son frère aîné en ville où il se lança dans le commerce naissant de l'automobile. Pour faire de la publicité au garage de son frère, Harry faisait de la compétition et accrocha quelques victoires à son palmarès. Il se tourna ensuite vers l'aviation et, en 1909, juste six ans après le premier vol des frères Wright, il prit l'air dans un avion de sa conception. Il gagna un prix de 100 £ pour avoir été le premier à accomplir un vol de trois miles autour de la ville de Newcastle.

Ferguson s'était fait une petite réputation dans la course et l'aéronautique et, grâce à sa notoriété, il ouvrit son propre garage. Il prit Willie Sands, un garçon de 20 ans, comme mécanicien. Il s'avéra que celui-ci était un ingénieur-né et resta le bras droit de Ferguson jusque dans les années 1950, apportant une contribution essentielle aux inventions de Ferguson.

En 1914, Ferguson prit une concession pour l'Overtime, la version européenne du Waterloo Boy. Quand la première guerre éclata, le gouvernement britannique rassembla le maximum de tracteurs disponibles pour assurer l'autosuffisance du pays en nourriture. Lorsque les tracteurs domestiques ne furent plus suffisants, le gouvernement se tourna vers les tracteurs importés des États-Unis. Ferguson était chargé de tenir les comptes de tous les tracteurs détenus par le gouvernement en Irlande du Nord et il acquit ainsi, avec Sands, une connaissance de toutes les marques avec leurs qualités et leurs défauts.

À l'époque, de nombreuses Ford T étaient en circulation en Grande-Bretagne et plusieurs compagnies proposaient des kits de conversion pour transformer la T en tracteur. Ferguson et Sands dessinèrent une charrue pour un de ces kits sur laquelle le poids tiré était reporté sous le tracteur, en avant de l'essieu arrière. Lorsqu'il y avait la moindre résistance, le système plaquait les quatre roues au sol, accroissant la motricité et évitant tout cabrage intempestif.

En 1918, six mille des nouveaux tracteurs de Ford étaient au labour en Angleterre. Avant la fin de l'année, le premier opérateur gouvernemental était tué dans un retournement. Le tracteur fautif, qui allait être connu sous le nom de Fordson, était réputé pour ce défaut. Quand la charrue rencontrait un obstacle, le tracteur, très léger, tournait autour de son propre axe arrière, se cabrait et écrasait son conducteur. Ferguson et Sands, rejoints à l'époque par Archie Greer et John Williams, appliquèrent leur système de charrue pour la Ford T au Fordson.

Le résultat fut une charrue baptisée "Duplex Hitch Plow". Elle était semi-rigide dans le plan vertical, évitant les retournements, mais libre dans le plan horizontal, autorisant les virages. Pour contrer la tendance au déterrage du soc lorsque la roue avant du tracteur tombait dans un trou ou une ornière, un ingénieux système de liaison avec un patin à l'arrière faisait plonger le soc à l'inverse de l'avant du tracteur. Le système fut baptisé "Patin flottant". L'équipe s'attaqua ensuite à l'application de l'hydraulique au Duplex Hitch Plow.

Lorsque la production du Fordson cessa aux États-Unis et qu'elle tarda à démarrer en Irlande, l'équipe de Ferguson construisit un tracteur de son cru tout simplement baptisé le "Tracteur noir", en raison de sa couleur. C'était en fait un Fordson au 8/10, mais il était équipé d'un système hydraulique et avait un attelage à trois points. Ferguson fit des démonstrations dans tout le pays et obtint de chaleureuses félicitations. Il persuada finalement l'industriel David Brown de se joindre à lui pour construire son tracteur qui prit le nom de "Ferguson-Brown".

Malheureusement, le Ferguson-Brown ne se vendit pas bien. Brown ne fabriquait pas en quantité suffisante pour réduire de façon sensible les coûts de production, et le petit tracteur ne pouvait pas être vendu à un prix suffisamment bas pour être acheté par les petites exploitations. Ferguson et Brown se

Ferguson-Brown "Black Tractor", 1933
Le "Black Tractor", créé par Harry Ferguson et le fabricant de pignons britannique, David Brown, présentait une ressemblance suspecte avec le Fordson. Il utilisait un moteur Hercules et une transmission David Brown.

Ferguson TED-20, 1955
Le TED-20 était la version de base du "Fergie" comme l'appellent les Anglo-Saxons, fonctionnant au distillat de pétrole, parfois désigné TVO pour Tractor Vaporising Oil.

séparèrent et Ferguson s'associa au magnat de l'automobile Henry Ford, pour fabriquer le Ford-Ferguson 9N.
Alors qu'il avait d'indéniables talents d'ingénieur, Ferguson était un piètre vendeur. Mais son enthousiasme à la tâche était si contagieux qu'il s'entourait toujours des talents qui lui faisaient défaut. Avec un culot incroyable, il convainquit Ford de lui avancer les 50 000 dollars qui allaient lui permettre de démarrer. Quand l'association Ford-Ferguson prit fin, en 1947, Ferguson était devenu milliardaire et Ford avait perdu 25 millions de dollars en lui vendant ses tracteurs.
Avec le recul, on peut se demander si Ferguson mérite vraiment la part du lion dans l'invention de l'attelage trois points. Les ingénieurs qui l'ont développé, Sands, Williams et Greer, méritent leur part, tout comme Ford, qui a mis à sa disposition les capacités de développement du système, et Harold L. Brock, le directeur technique de l'étude du 9N. Quoi qu'il en soit, c'est Ferguson qui tira la couverture. Ce fut aussi Ferguson qui lança la production de sa propre version du 9N des deux côtés de l'Atlantique à la fin du fameux contrat verbal, et il battit Ford à son propre jeu. Ce fut également Ferguson qui commercialisa une astucieuse gamme d'instruments parfaitement adaptés à l'attelage à trois points. C'est aussi le nom de Ferguson qui est inscrit sur les machines agricoles les plus vendues à ce jour, que ce soit sous le nom de Ford-Ferguson ou de Massey-Ferguson !

Ferguson TO-35, 1955
Le TO-35 était équipé d'un moteur quatre cylindre à soupapes en tête Continental de 2 195 cm³.

Allis-Chalmers modèle B

Allis-Chalmers Company, de Milwaukee, dans le Wisconsin

Allis-Chalmers, modèle B, 1938

Le B fut lancé fin 1937, pour l'année-modèle 1938. Il pesait 900 kg et coûtait à ses débuts 495 dollars. Jusqu'en 1940, l'électricité ne faisait pas partie des équipements de série. Un éventail d'outils spécifiques faisait du B un tracteur parfaitement adapté aux petites exploitations. Sa puissance à la barre était de 10 ch.

En réponse au Farmall, Allis-Chalmers lança son petit et économique modèle B en 1938. C'était un tracteur "un soc" pesant moins d'une tonne avec un essieu avant en forme d'arche. Il avait été conçu pour remplacer la paire de chevaux qui fournissait encore l'essentiel de la force motrice d'une petite ferme d'avant-guerre. L'écartement des voies avant et arrière était réglable en retournant les roues et en changeant les fixations. Une voie avant entièrement réglable fit son apparition quelque temps plus tard. Avec un train de pneus et un équipement électrique, l'Allis B, comme on le surnommait affectueusement, était vendu moins de 600 dollars.

Allis-Chalmers, modèle B, 1939

Ci-dessus à gauche : un modèle B équipé d'un cultivateur ventral à un rang. Propriétaire, Keith McCaffree.

Allis-Chalmers, modèle IB, 1951

Ci-dessus à droite : Le IB était une version abaissée plus compacte du B, conçu pour un usage industriel. Il avait des pédales, comme une voiture, pour faciliter la conduite à ceux qui n'avaient pas l'habitude des tracteurs. Propriétaire, Gaylord De Jong.

Allis-Chalmers Model B brochure, années 1940

Les tracteurs de vergers : carrossés pour la forme et la fonction

À la fin des années 1920, des versions "standard" modifiées furent proposées pour les besoins des exploitations spécialisées. John Deere fut l'un des premiers à offrir des versions à garde au sol surélevée, ainsi que des versions à voies étroites ou larges. Puis John Deere proposa une version carrossée pour les vergers avec des garde-boue arrière qui enfermaient les roues, et d'autres parties tôlées qui facilitaient le passage du tracteur sous les branches basses des vergers sans abîmer les arbres.

McCormick-Deering O-12, 1937

L'O-12 était la version "verger" du standard W-12. La version "row-crop", le Farmall F-12, était de loin la plus connue. Seulement quatre mille O-12 furent construits entre 1932 et 1940. Propriétaire, Dan Schmidt.

Case VAO, 1947

Toutes les photos ci-dessus : La version "verger" du populaire Case VA, le VAO, fut construite de 1942 à 1955. Le moteur était un quatre-cylindres à soupapes en tête de 2 031 cm^3 délivrant 20 ch en version "essence" ; un collecteur d'admission pour fonctionner au pétrole était proposé en option. Le VAO pesait 1 215 kg. L'attelage Eagle et le système hydraulique furent installés sur le VAO en 1949, mais les modèles antérieurs pouvaient être actualisés. Propriétaire, Larry Maasdam.

Oliver 70 Orchard brochure, années 1950

La révolution du fioul : du diesel à l'"air gras"

"L'essence est obtenue à partir de gaz naturel 'épais', essentiellement des résidus..."
(William O. Snelling, inventeur de l'essence de gaz liquéfié, 1912)

Le pétrole était de loin le carburant de prédilection pour les tracteurs jusqu'à la fin des années 1930. Il était bon marché, se stockait facilement et fournissait un fonctionnement très satisfaisant. La qualité de l'essence variant considérablement, les ingénieurs devaient concevoir des moteurs acceptant le plus médiocre des taux d'octane, minimisant ainsi les avantages de l'essence face au pétrole. Il fallait néanmoins un peu d'essence pour démarrer les moteurs à pétrole et il ne fallait pas oublier d'arrêter le moteur sur l'alimentation d'essence au risque, le lendemain, d'avoir des difficultés à repartir avec du pétrole dans le carburateur.

Avec l'amélioration des indices d'octane et les normes de qualité apparues au milieu des années 1930, l'essence gagna en popularité. L'intérêt de l'essence résidait essentiellement dans son taux de compression plus élevé qui permettait de tirer plus de puissance à cylindrée égale. Les bénéfices annexes concernaient la facilité de démarrage, la meilleure qualité de mélange et la moindre consommation.

L'essence commençait à supplanter le pétrole et ses variantes comme le distillat de pétrole ou le pétrole lampant quand le diesel fit son entrée en scène. Caterpillar fut le premier à proposer un tracteur Diesel, avec le Sixty, en 1931. International Harvester lui emboîta le pas pour les tracteurs à roues avec le WD-40 en 1934. Le moteur Diesel est alimenté par une pompe à injection à haute pression. Fabriquer une pompe capable de supporter un carburant aussi peu lubrifiant que le fioul, qui est assez proche du pétrole, était un obstacle à surmonter avant de pouvoir proposer un moteur utilisable quotidiennement. Le taux de compression élevé du diesel, de 16 à 1, obligeait aussi à avoir recours à des moteurs lourds et encombrants, jusqu'à ce que l'on fabrique des fontes d'acier de meilleure qualité. Le taux de compression élevé et la quantité d'air minimale nécessaire entraînent des consommations plus basses. Autre facteur d'économie, les moteurs Diesel fonctionnent sur un mode pauvre, contrairement aux

Ferguson TEF-20, 1955
Le Ferguson TEF-20 était semblable en taille et en apparence au Ford 9N/2N, Ferguson ayant utilisé l'outillage de Ford pour lancer la production du tracteur à Coventry, en Angleterre. Le TEF-20 était équipé d'un moteur Diesel à injection indirecte de la Standard Motor Company, un constructeur anglais d'automobiles. Le quatre-cylindres donnait 26 ch.

moteurs à essence qui fonctionnent en mode riche. En Europe, le diesel supplanta l'essence au milieu des années 1950 et aux États-Unis, à la fin des années 1970.

Une autre révolution intervint dans les années 1940 avec le gaz de pétrole liquéfié (GPL ou LPG en anglais), surnommé l'"air gras" à ses débuts. Minneapolis-Moline essaya son premier tracteur fonctionnant au gaz liquide en 1941, mais il fallut attendre 1949 pour voir le premier modèle U LPG passer les tests de l'université du Nebraska. Le gaz liquide gagna lentement en popularité, avant d'atteindre son apogée.

Quand on augmente le taux de compression de 9 à 1, le gaz liquide donne plus de puissance que le même moteur fonctionnant à l'essence avec un taux de 6 à 1. En raison de sa meilleure combustion, le moteur à gaz liquide fonctionnait plus longtemps sans entretien, et l'huile restait propre, espaçant sensiblement les vidanges. Le coût était également inférieur à celui d'un moteur à essence équivalent. Mais côté inconvénients, le gaz liquide était difficile à stocker et les opérations de remplissage moins faciles qu'avec le fioul ou l'essence. Et en tout état de cause, le gaz liquide était moins économique que le fioul.

Le gaz liquide atteignit son pic de popularité dans les années 1960, puis régressa. Le dernier test d'un moteur à gaz liquide eut lieu avec un Minneapolis-Moline G-900 (LPG) en juin 1968 à l'université du Nebraska.

Massey-Harris 333 Diesel, 1957

Le Massey 333 était la dernière évolution du modèle 81 lancé en 1939. Initiée avec le modèle 30 de 1946, la gamme était censée pouvoir tirer une charrue trois socs dans n'importe quel type de sol. Celui-ci est l'un des cent cinquante exemplaires construits entre 1956 et 1958. La puissance provenait d'un moteur Continental de 3 292 cm^3. Une transmission à cinq vitesses et un attelage trois points étaient fournis en série. Le poids était de l'ordre de 2 700 kg. Propriétaire, Ken Peterman.

Massey-Harris 44 Diesel Standard, années 1950

Les deux photos : Le 44 est probablement le meilleur tracteur construit par Massey-Harris. Il était équipé d'un moteur à essence quatre cylindres Massey, ou d'un six-cylindres Continental ou d'un quatre-cylindres Diesel Massey. Ils donnaient tous 46 ch et faisaient du 44 un "trois socs". Propriétaire, Ken Peterman.

Brochure Massey-Harris, années 1950

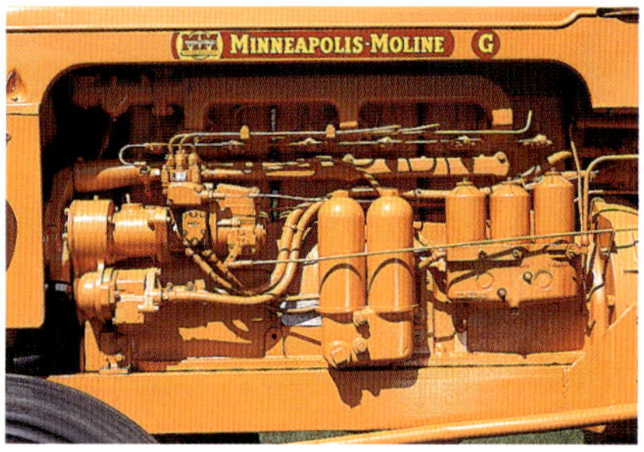

Minneapolis GBD, 1954
Ci-dessus et à droite : Le GB-Diesel recevait un moteur Minneapolis-Moline, avec des chambres de combustion type Lanova de 6 978 cm³, et délivrait 63 ch. Il pesait 3 690 kg. Propriétaires, Keith et Adam Bruder.

Massey-Harris 44 vigneron, années 1950
À gauche : la version vigneron du fameux Massey-Harris 44. Propriétaire, Larry Maasdam.

John Deere 830 “spécial rizières”, 1960

Le 830 fut le dernier des gros bicylindres de John Deere. Il était équipé d’un moteur Diesel de 7 731 cm^3 tournant à 1 125 tr/min et délivrait ses 75 ch via *une transmission à six vitesses. Son poids dépassait à peine 3 600 kg sans lest. Il était vendu comme un “six socs” ou l’équivalent d’une charrue à disque de 6 m ; la version “spéciale rizières” avait un essieu avant plus large, des garde-boue plus enveloppants et des protections anti-boue sur les freins. Celui-ci est équipé du démarreur à batterie de 24 volts en option. Propriétaire, Ken Peterman.*

Farmall 450 Diesel, 1958

Le Farmall 450 fut construit de 1956 à 1958 en versions “standard” ou “surélevée”, avec moteur GPL, Diesel ou essence. Le moteur de 4 603 cm^3 faisait du 430 un “quatre socs”. Propriétaire, Norm Seveik.

Massey-Ferguson 65 Mark I, 1959

Le 65 fabriqué en Angleterre de 1958 à 1965 était identique au 40 américain, avec un moteur Diesel Perkins à injection indirecte de 50 ch. À partir de 1961, il reçut une injection directe. Le réducteur final se trouvait dans les moyeux pour compenser l'augmentation de taille des pneus adoptés en raison de la puissance.

John Deere 520 LPG, 1960
À gauche et ci-dessous : Le 520 LPG était équipé d'un bicylindre délivrant 38 ch à la prise de force. Propriétaire, Melanie Maasdam.

Oliver XO-121, 1960
À gauche : Le XO-121 était un tracteur expérimental propulsé par un moteur de 3 260 cm³ à taux de compression de 12 à 1 pour une essence à indice d'octane élevé. Il délivrait 57,5 ch à la barre avec une consommation de 0,38 livre par heure, comparable à celle d'un Diesel. Il repose aujourd'hui au musée de la Société historique du comté de Floyd, à Charles City, dans l'Iowa.

Oliver Hart-Parr 70

Oliver Hart-Parr Equipment Corporation, de Chicago, dans l'Illinois

En 1935, Oliver fixa de nouvelles règles industrielles avec son tout nouveau six-cylindres Oliver Hart-Parr 70 à carrosserie aérodynamique. Le "70" désignait le moteur à taux de compression élevé conçu pour la toute nouvelle norme de carburant automobile à indice d'octane de 70. Il existait également une version basse compression pour pétrole et distillats. Le 70 reflétait l'influence de plus en plus grande qu'exerçait l'industrie automobile sur celle du tracteur et, compte tenu de l'époque, marquait une confiance inébranlable dans le futur.

Le 70 existait dans quatre configurations différentes, row-crop, surélevée, verger et standard. Électricité et démarreur étaient proposés en options. Ce tracteur était vendu au Canada par la Cockshut Farm Equipment Company, de Brantford, dans l'Ontario, sous le nom de Cockshut 70.

En 1937, le nom de Hart-Parr disparut complètement et le 70, comme tous les autres Oliver/Cockshut, fut recarrossé. Sous sa nouvelle robe, il restait à peu près identique ; seuls les pneumatiques et la transmission à six vitesses étaient proposés en série.

Oliver Hart-Parr 70, 1935

Le six-cylindres de l'Oliver 70 de 1935 représentait un important bond technologique. C'était aussi l'un des premiers à arborer une carrosserie aérodynamique pour attirer la clientèle. Avec son démarreur et ses commandes ergonomiques, il était également l'un des premiers à prendre en compte le besoin de femmes et de jeunes comme opérateurs d'appoint. Il était aussi le premier à faire usage du nouveau carburant automobile à indice d'octane de 70, d'où sa désignation de 70. Une version à basse compression était proposée pour ceux qui n'étaient pas prêts à abandonner le pétrole bon marché.

Les tracteurs orphelins : la deuxième débâcle industrielle

Les constructeurs qui avaient survécu à la récession puis à la dépression qui avait mené à la Seconde Guerre mondiale attendaient avec impatience l'après-guerre, un âge d'or pour la mécanisation qui allait les rendre riches. Ces jours bénis furent toutefois de courte durée. En 1954, la récession frappait à nouveau, laissant sur les bas-côtés de la croissance des victimes encore plus nombreuses. En 1930, on comptait quelque quarante-sept constructeurs, en 1960, il en restait douze.

Co-op Duplex N°2, 1937-1938

Le Duplex N° 2 était construit par la Co-operative Manufacturing Company, de Battle Creek, dans le Michigan. Il recevait un six-cylindres Chrysler de 3 292 cm³ et une transmission à six vitesses. Propriétaire, Don Wolf.

Co-op B2JR, 1940-1941

Construit par la Arthur Dale Farm Equipment Corporation, en Virginie occidentale, le B2JR fut commercialisé de 1940 à 1941. Il était équipé d'un moteur Chrysler de 3 292 cm^3 fournissant 33 ch, au régime de 1 500 tr/min, et d'une transmission à quatre rapports. Propriétaire, Larry Maasdam.

Eagle 6B, 1936

La Eagle Manufacturing Company d'Appleton, dans le Wisconsin, construisit une longue série de tracteurs innovants à partir de 1906. En 1930, le très moderne Eagle 6A Standard fut dévoilé avec un six-cylindres Hercules. Il fut suivi du 6B en version "row-crop" en 1936, équipé d'un six-cylindres Hercules plus petit. Un 6C, version "standard" du 6B, fut présenté en 1938, mais toute production cessa en 1940. Propriétaire, Richard Grimm.

Avery Ro-Track, 1938

Fabriqué à Peoria, dans l'Illinois, par l'Avery Farm Equipment Company, le Ro-Track pouvait passer d'une configuration à voie avant large à une configuration à voie avant étroite. Comme il n'y avait pas de pivot central pour l'essieu avant, des ressorts dans chacun des tubes verticaux permettaient aux roues avant d'épouser les reliefs du terrain sans tordre le châssis. Ce qui avait pour conséquence de faire plonger l'avant lorsqu'on freinait, comme sur une voiture à suspensions molles. Il utilisait un six-cylindres Hercules de 3 473 cm^3 à soupapes latérales. On ne donnait aucune puissance, on se contentait d'indiquer que le Ro-Track était un tracteur "deux" à "trois socs". Sa transmission à trois vitesses permettait de rouler à 25 km/h sur route. La production cessa en 1941.

Les tracteurs surélevés : sur la pointe des pieds

Les "row-crop" avaient été conçus pour la culture en ligne, comme celle du maïs. Mais il apparut bien vite que les row-crop traditionnels n'avaient pas une garde au sol suffisante pour la culture en fin de croissance. Pour répondre à ce besoin, de nombreux constructeurs proposèrent des versions surélevées de leurs row-crop. Ils furent construits en très petite quantité et font aujourd'hui partie des tracteurs les plus recherchés des collectionneurs.

Case 400 HC, 1956

À droite : Ce Case 400 High-Clearance (grand dégagement) est l'un des cent cinquante exemplaires construits, et est équipé de l'attelage Eagle. Le Case 400 existait en version "essence" ou "Diesel", celui-ci est un essence et vient des champs de cannes à sucre de Louisiane. Propriétaire, Jay Foxworthy.

Case VAH, 1948

Version "grand dégagement" du modèle VA, le VAH fut construit de 1948 à 1955. Le moteur quatre cylindres à soupapes en tête de 2 031 cm³ délivrait environ 20 ch dans sa version "essence". Un collecteur d'admission pour distillat de pétrole était proposé en option contre supplément. L'attelage Eagle et l'hydraulique furent disponibles sur le VAH à partir de 1949. Propriétaire, Norm Seveik.

John Deere 40 V, 1955

Seulement trois cent dix 40 V furent construits, tous en 1955. Plus haut que le 40 Standard, le 40 V offrait une garde au sol de 65 cm. Il était équipé d'un bicylindre vertical de 1 646 cm³ qui délivrait 25 ch à la poulie. Propriétaires : Ken et Dan Peterman.

Massey-Harris 44 spécial hautes tiges

Deux photos ci-dessous : On ne connaît que deux exemplaires du Massey-Harris 44 Grand Dégagement. Son moteur était de construction Massey-Harris et fournissait 45 ch. Propriétaire, Larry Maasdam.

Farmall 400 HC, 1955

Ci-dessus et à droite : Le 400 était le successeur des puissants Farmall M et Super M, mais ne fut construit qu'en 1955 et 1956, après quoi il fut remplacé par le 450. Ce rare Grand Dégagement était équipé de la boîte à double étage Torque-Amplifier (amplificateur de couple). Propriétaire, la famille Keller.

400
FARMALL

Évolution des prises de force et de l'hydraulique

"Le tracteur qui ingurgitait de l'essence à la place du foin avait été une simple alternative au bon vieux Bijou. Mais le tracteur universel avec sa prise de force plantait, cultivait et moissonnait. Il prenait en charge presque toutes les opérations jugées jusqu'alors 'non mécaniques' ou 'douteuses'."

(Revue *Prairie Farmer*, 1941)

Dès les prémices du tracteur à vapeur, on trouvait des prises de force sous forme de poulies. Mais au sens propre du terme, la "prise de force" impliquait une dérivation d'une partie de la puissance du tracteur pour actionner un outil, tandis que le tracteur avançait, ce qui n'était pas possible avec une poulie. Le McCormick 15/30 de 1940 fut le premier tracteur à être équipé d'une vraie prise de force. Comme la plupart des prises de force jusqu'aux années 1950, elle consistait en une cascade de pignons depuis l'embrayage. Quand on débrayait le moteur, la prise de force n'était plus actionnée.

On connaît plusieurs exemples de prises de force indépendantes soit équipées de leur propre embrayage, soit connectées directement au moteur. Un exemple de la première formule était le Hart-Parr 12/24 E de 1924 dont la prise était actionnée depuis le volant par un embrayage séparé. Une série d'arbres et de joints transmettait la puissance sous la plate-forme de conduite jusqu'à la barre d'attelage. Autre exemple de prise de force indépendante, le treuil qu'utilisaient les Caterpillar et engins similaires pour tirer les *scrappers* à l'aide d'un câble.

La prise indépendante, telle qu'on l'entend aujourd'hui avec un embrayage à deux étages (le premier déconnecte le moteur de la transmission, le second déconnecte la prise de force), fut inaugurée par le Cockshut modèle 30 de 1946.

Le procédé était identique pour l'hydraulique dont la pompe fut d'abord installée près de la transmission et entraînée par cascade de pignons depuis l'embrayage. Souvent, le même entraînement servait pour la pompe et la prise de force.

Plus tard, lorsque les pompes à grande vitesse devinrent accessibles, elles étaient entraînées directement par le moteur, autorisant alors un système hydraulique indépendant. John Deere offrit une pompe hydraulique indépendante en option sur son modèle B de 1948. Il fallut attendre 1950 pour que les autres constructeurs lui emboîtent le pas.

Case, modèle SC, années 1940
Le Case SC, nouveau des pieds à la tête, fut dévoilé en novembre 1940. Le S tout court était la version "standard". Il y avait aussi le SO, la version "verger", le SI, la version "industrielle", et le SC-4. Ce dernier ne fut construit qu'en 1953 et 1954 et avait un essieu avant large fixe.

Cockshutt, modèle 30,
années 1930

La création de la Cockshutt Plow Company, de Brantford, dans l'Ontario (Canada), remontait à 1877. Pendant des années, elle commercialisa des tracteurs construits par d'autres compagnies, notamment Oliver, sous ses propres couleurs. En 1946, pourtant, elle réalisa le premier tracteur de sa conception, le modèle 30. C'était le premier tracteur équipé d'une prise de force indépendante, telle qu'on la connaît aujourd'hui. Son moteur était un quatre-cylindres Buda de 30 ch.

Farmall MD

International Harvester Company,
de Chicago, dans l'Illinois

Initiée avec le Regular de 1924, la lignée des Farmall d'IHC McCormick-Deering fut la première lignée de tracteurs universels fabriqués en grande série. Le haut de gamme de la série, le M, fut présenté en 1939. Le gros Farmall "trois socs" fut aussi le plus vendu du lot. Il évolua en Super M-TA équipé du premier réducteur de couple. Il existait en versions "distillat", "essence" et "gaz liquide", mais la version "Diesel" révolutionna le monde agricole et fit du fioul le carburant agricole par excellence.

Le premier tracteur Diesel avait été le Caterpillar Diesel Sixty de 1931, suivi en 1934 par le WD-40 de McCormick-Deering. Le WD ne connut jamais le succès du MD. Les ventes du MD avoisinaient les vingt-deux mille unités par an, bien qu'il coûtât 50 % de plus qu'une version "essence". La consommation était, elle, inférieure d'un tiers, voire de moitié, de celle de la version "essence".

Les diesels McCormick-Deering avaient un système de démarrage original, le moteur était équipé d'un allumage à bougies, en parallèle du système d'injection du diesel. Un levier permettait d'agrandir la chambre de combustion, amenait l'air au carburateur actionnant ainsi l'arrivée d'essence. Une fois le moteur parti avec l'essence, le levier était repoussé, mettant les injecteurs en route et alimentant dès lors le moteur en fioul.

Farmall MD, 1941

La version "Diesel" du gros Farmall M fut lancée en 1941 sous le nom de MD et rallia de nombreux suffrages. Le MD pouvait être amélioré avec des accessoires, comme une boîte auxiliaire M-W, la direction assistée, un système hydraulique et une prise de force indépendante. Propriétaire, Alan Smith.

Le MD était un gros tracteur pour l'époque, pesant 2 385 kg en 1941, pour arriver à 2 655 kg en 1952. Un lest de 1 350 kg était en outre chose courante. À l'origine, le quatre-cylindres de 4 062 cm³ développait 35 ch à la poulie. En fin de production, on atteignait presque les 40 ch.
Un Super MD fut lancé en 1952 avec un quatre-cylindres de 4 343 cm³ et près d'un tiers de puissance en plus. Le poids atteignait 2 700 kg, sans lest. Les agriculteurs se vantaient de pouvoir labourer un hectare en une heure avec une consommation de 3,3 litres.

Farmall Super MD-TA, 1954
Le MD-TA était la version "Diesel" du fameux M, équipée de l'amplificateur de couple. Les Farmall Super M furent construits de 1952 à 1954. Le moteur de 4 324 cm^3 *donnait au Super MD un surcroît de puissance de 32 % par rapport à la version MD. En plus de la version MD, des versions "essence" et "gaz liquide" du Super M étaient proposées avec ou sans amplificateur de couple. Propriétaire, Donald Schaeffer.*

Allis-Chalmers modèles WC et WF

Allis-Chalmers Company,
de Milwaukee, dans le Wisconsin

Allis-Chalmers présenta son "deux socs" WC en 1933, premier tracteur équipé de pneumatiques en série, avec roues fer en option. Un châssis de cornières en U, plus économique et plus léger que le carter porteur des modèles U, était utilisé et permettait au WC d'afficher seulement 1 440 kg sur la balance. Le moteur de 3 292 cm^3 (100 x 100 mm) tournait à 1 300 tr/min. Des versions "essence" et "Diesel" étaient proposées. Le WC était un row-crop; son équivalent "standard", le WF, fut présenté en 1940 et fut produit jusqu'en 1951.

Allis-Chalmers produisit plus de cent quatre-vingt-six mille WC et WF.

Le populaire WC fut remplacé par le WD en 1948. Le WD proposait le premier essieu arrière ajustable automatiquement et fut aussi l'un des premiers équipé d'une prise de force indépendante. Il utilisait le même moteur que le WC, mais son régime avait été poussé à 1 400 tr/min. Il était disponible en train avant à roues jumelées, monoroue ou essieu large réglable.

Le WD fut remplacé par le WD-45 qui reprenait la même carrosserie. Le moteur du WD-45 avait une course de 112,5 mm qui augmentait sa puissance. Il était proposé en versions "essence", "fioul" ou "gaz liquide". En 1955, le WD-45D à moteur six cylindres faisait son apparition.

Allis-Chalmers WF, 1941

Le WF était la version "standard" du fameux WC, le row-crop, et fut construit de 1940 à 1951. Tous deux étaient des "deux socs" et étaient équipés du premier moteur "carré" de l'industrie, avec une course égale à l'alésage, de 100 mm.

Brochure Allis-Chalmers W, années 1940

Allis-Chalmers WC, années 1930
Ci-dessus : Le "deux socs" WC fut présenté en 1933. Il fut le premier tracteur équipé de pneumatiques en série, les roues fer étant optionnelles. Il utilisait un châssis de cornières en U et ne pesait que 1 440 kg. Son moteur de 3 292 cm³ tournait à 1 300 tr/min.

Allis-Chalmers WF, 1947
Deux photos à droite : Le WF était équipé d'une transmission à quatre rapports et d'un quatre-cylindres de 3 292 cm³ à soupapes en tête délivrant 28 ch. Il était vendu 1 200 dollars en 1947 et pesait 1 575 kg. Propriétaire, Paul Mihalovich.

Tracteurs de toutes les couleurs

À partir des années 1930 et jusqu'aux années 1950, les constructeurs ont commencé à peindre leurs tracteurs de couleurs vives pour les distinguer de leurs concurrents. Ces couleurs propres à chaque marque devinrent indissociables et rendaient les tracteurs facilement identifiables.

Farmall H, 1946

Le Farmall H, lancé en 1939, était équipé d'un quatre-cylindres à soupapes en tête de 2 490 cm³. La plupart des Farmall H fonctionnaient à l'essence, mais une option "distillat" était disponible. Celui-ci, acheté neuf en mai 1946 par son propriétaire Leon E. Geiss, arbore encore ses pneumatiques S-3 de temps de guerre.

Farmall MV, 1948

Deux photos ci-dessus : Cet inhabituel Farmall Grand Dégagement fut commandé avec un train avant monoroue. Il existait soit avec train avant monoroue, soit avec train avant large. Les roues arrière étaient montées sur des réducteurs en bout d'axe, qui permettaient de surélever l'essieu pour une meilleure garde au sol. Propriétaire, Norman Seveik.

Farmall HV, 1948

Le HV était plus haut de 25 cm que le Farmall normal et permettait de cultiver des plantes à hautes tiges, comme le maïs ou la canne à sucre. International Harvester produisit une ramasseuse de coton sur la base du HV et certaines d'entre elles ont été reconverties en HV, un modèle très recherché. Celui-ci est sorti d'usine avec son train avant monoroue. Propriétaire, Larry Maasdam.

Oliver 60 Standard, 1948

Ci-dessus et à gauche : Pour concurrencer les petits tracteurs des autres constructeurs, Oliver sortit le 60 en 1940 et le produisit jusqu'au milieu de 1948. Le 60 était un 70 en réduction, équipé d'un quatre-cylindres plutôt que du six-cylindres. La puissance à la poulie était de l'ordre de 18 ch. Essence et distillat étaient proposés en option, de même que les versions "standard" et "row-crop".

Affiche publicitaire Oliver, années 1950

Oliver Super 55, années 1950

Ci-dessus : Construit de 1954 à 1958, le 55 était la réponse d'Oliver aux Ford 9N, 2N, 8N et NAA à attelage trois points. Adoptant la même configuration que les Ford de la série N, le 55 n'avait rien laissé au hasard. Oliver proposait une transmission à six rapports (au lieu de trois ou quatre), "essence" ou "Diesel" (Ford ne proposait qu'une version "essence") et un moteur de 2 359 cm³ (le plus gros des moteurs Ford, celui du NAA, ne faisait que 2 195 cm³). Oliver pensait mettre le géant à mal, mais en 1955, les Ford avaient littéralement submergé le marché.

Brochure Oliver 77, années 1950

Cet écorché montrait les entrailles du 77, avec son moteur six cylindres Oliver.

Oliver 440, 1959-1960

Construit en 1959 et 1960, le 440 était l'aboutissement de la lignée initiée par le Super 44 de 1957-1958. Les deux modèles étaient identiques à la peinture près. Ce tracteur de 900 kg était propulsé par un moteur Continental de 20 ch. L'asymétrie, avec la partie mécanique à gauche et la direction et le siège à droite, améliorait de façon évidente la visibilité lorsqu'on montait un outil entre les essieux.

Oliver 660, années 1960

Présenté en 1959, le 660 était une version améliorée et recarrossée du Super 66. Des moteurs essence ou Diesel de 2 539 cm³ étaient proposés. Les freins à disque étaient montés en série, mais la direction assistée était en option. La production continua jusqu'en 1964.

Oliver 880, années 1960

Ci-dessus et à droite : Le 880 était le dernier de la lignée qui avait débuté avec le 18/27 en 1930. Elle avait continué avec les 80, 88 et Super 88 avant d'atteindre son ultime version, le 880, produit de 1958 à 1963. Il proposait des raffinements tels qu'un amplificateur de couple, la direction assistée et un attelage trois points. Essence, Diesel ou GPL, le 880 se classait dans les plus de 60 ch.

Case, modèle D, 1950

Le modèle D, un trois socs, remplaçait le C dont il était tout simplement une version carrossée.

Ce fut le plus vendu des tracteurs de couleur orange "flambeau" avec environ cent mille exemplaires de 1939 à 1953.

Case 400 B Case-O-Matic, 1958

À l'exception de sa transmission à convertisseur de couple Case-O-Matic, le 400 B était pratiquement identique à l'ancien 300 C. Il était équipé d'un moteur quatre cylindres de 2 424 cm³ et d'une transmission à seize rapports plus le convertisseur de couple. Avec lest, il pesait 3 600 kg. Propriétaire, Norm Seveik.

Brochure Massey-Harris, 1950

Case 830 CK, 1965

Le 830 était un cinq-socs équipé d'un quatre-cylindres de 4 652 cm³. Il était proposé avec une transmission à deux étages, mais le convertisseur de couple Case-O-Matic était également disponible. À côté de l'essence, il existait aussi des versions "Diesel" et "gaz liquide".

Brochure Case, années 1940

Massey-Harris Super 101, 1940

À gauche : Le 101, "vaisseau amiral" de Massey-Harris, était propulsé par un six-cylindres Chrysler de 3 571 cm³. Propriétaire, Wayne Svoboda. (Photo Robert N. Pripps)

Allis-Chalmers D-12, 1960

Les Allis-Chalmers D-10 et D-12 furent construits simultanément de 1960 à 1967 et étaient quasiment identiques. Le D-10 était un tracteur simple rang, alors que le D-12 était un deux rangs, grâce à ses voies réglables. Il recevait un 2 277 cm³ à ses débuts qui fut remplacé par un 2 441 cm³ en 1961. À partir de 1964, il reçut un équipement électrique 12 volts et un attelage trois points à transfert de charge. Propriétaire, Helle Farm Equipment.

Minneapolis-Moline BF, 1953

Ci-dessus et à droite: Les BF de Minneapolis-Moline débutèrent en 1939 sous le nom de "Cletrac-General CC", construits pour Cletrac par B. F. Avery Company, de Louisville, dans le Kentucky. En 1951, le tracteur devint le Minneapolis-Moline BF. À cette époque son quatre-cylindres affichait 2 179 cm^3. Propriétaire, Venron Patrizek, président du M-M Collector's Club.

Minneapolis-Moline ZTU, 1941

Ci-dessus: La série Z fut produite de 1937 à 1956. Au départ elle était équipée de moteurs de 3 047 cm^3, mais en 1950, la cylindrée avait été portée à 3 374 cm^3. Propriétaires: Don et Betty Zwicky.

Minneapolis-Moline U, 1950

À droite: Le U était mû par un quatre-cylindres 4 652 cm^3 de 40 ch, via une transmission à cinq rapports. Le père de John Taylor, Russell Taylor a acheté neuf ce modèle U. James l'a conduit pour la première fois quand il avait quinze ans et s'en sert toujours à la ferme; il n'est donc pas encore à la retraite. Propriétaire, John Taylor.

Minneapolis-Moline R, 1939

À gauche : Le R était le plus petit tracteur de la gamme Minneapolis-Moline, mais utilisait le même moteur de base que le Z. La cylindrée avait été ramenée à 2 703 cm^3 et le régime avait également été abaissé donnant au R une puissance de 26 ch, soit 10 de moins que le Z. Le R pouvait recevoir la même cabine que le Comfortractor, comme celle de ce modèle.

Minneapolis-Moline 5 Star, 1958

À gauche et ci-dessous : Le 5 Star fut produit de 1957 à 1961, bien que les versions standard à essence et gaz liquide n'aient été produites qu'en 1958. Son moteur de 4 636 cm^3 délivrait 55 ch. Propriétaire, Water Keller.

Le tracteur universel de Ford

Ford Jubilee NAA, 1955

Le NAA était le premier tracteur Ford nouveau depuis quatorze ans et résultait de la perte du procès avec Harry Ferguson pour utilisation illégale de brevets. En raison de cette décision de justice, un nouveau système hydraulique avait été adopté. D'autres évolutions par rapport au 8N qu'il remplaçait en faisaient un tracteur plus lourd et plus puissant. Ce NAA a été reconstruit par N-Complete de Wilkinson dans l'Indiana. Tom Armstrong, le patron de N-Complete est au volant. Propriétaire, la famille Sparks.

Pendant des décennies, Ford fut "le" constructeur de tracteurs. Le Fordson, à son apogée, et le 8N, dans ses meilleures années, se vendaient tous deux à plus de cent mille exemplaires par an aux États-Unis. Ils étaient, et de loin, les tracteurs les plus vendus en Amérique du Nord. Le Fordson représentait 70 % de parts de marché et le 8N se vendait plus que toute la gamme John Deere réunie et arrivait en deuxième position derrière la gamme tout entière d'International Harvester. En Angleterre, Ford resta fidèle au E27N Major construit de 1945 à 1952. Puis, le marché… et Ford commencèrent à évoluer. En 1952, la Ford Motor Company entra en bourse, et Henry II se retrouva avec des actionnaires qui ne partageaient pas les vues altruistes du vieil Henry. En 1956, la branche anglaise de Ford vendit plus de tracteurs que la maison mère. Plutôt que de rester en retrait, Detroit développa une gamme avec deux tailles de moteur, une variété de transmissions et d'autres options, inclus le diesel et le gaz liquide.

Mais les ventes stagnaient toujours et le concept de "tracteur universel" vit le jour en 1961. En 1964, une nouvelle gamme de tracteurs était construite sur divers sites, à Highland Park, dans le Michigan, à Basildon, en Angleterre et, plus tard, à Anvers, en Belgique. Le concept du "tracteur universel" connut le succès et en 1966, Ford était à nouveau numéro deux des ventes, juste derrière Massey-Ferguson de Toronto, dans l'Ontario (Canada).

Ford 800, 1955

Ci-dessus : Le 800, comme son successeur le 801, utilise le moteur Ford de 2 817 cm³. Le 800 fut construit de 1955 à 1957. Propriétaire, Jim et Jerriann Endries.

Ford 601 Workmaster, 1960

À gauche : Fabriqué de 1958 à 1961, le Workmaster utilisait un quatre-cylindres de 2 195 cm³.

Ford 861 Powermaster, 1958

Ci-dessous : Le 861 utilisait un quatre-cylindres de 2 817 cm³, d'une puissance d'environ 50 ch, et une transmission à cinq vitesses. Une prise de force et un système hydraulique indépendants étaient fournis en série. Des versions GPL et "Diesel" étaient proposées ainsi qu'une transmission Select-O-Speed à dix vitesses.

La fin des Johnny Popper

"Une nouvelle génération de puissance !"
(Slogan publicitaire de John Deere, 1960)

Les moteurs à deux cylindres parallèles étaient une architecture courante dès les débuts du moteur thermique. Le premier moteur de Ford était un deux-cylindres, les premiers Hart-Parr étaient des bicylindres, comme la plupart des Titan d'International Harvester et les Rumely OilPull. Sur certains, les pistons fonctionnaient en opposition, sur d'autres en parallèle.

Dans le cas du fameux bicylindre transversal John Deere, hérité des Waterloo Boy de 1917, les pistons fonctionnaient en opposition. Le moteur étant un quatre-temps, cela signifiait que le cycle d'allumage n'était pas régulier. C'était un peu comme un fusil à deux coups qu'on aurait vidé puis rechargé pour le vider à nouveau et ainsi de suite. La musique des bicylindres John Deere produisait un rythme étrange qui leur valut leur popularité et des surnoms comme "Johnny Popper" (Jeannot-péteur) ou "Poppin Johnny" (Jeannot-trois-pattes).

Les variantes du bicylindre permettaient de propulser aussi bien les plus petits tracteurs que les plus gros diesels. La configuration présentait l'avantage de faire voisiner les gaz d'échappements avec le collecteur d'admission ce qui autorisait une excellente combustion du pétrole, le carburant le meilleur marché à l'époque. L'installation transversale évitait, elle, le recours à des renvois d'angle. John Deere resta fidèle à cette architecture au fil des ans mettant l'accent sur le fait qu'un nombre de pièces moindre était une garantie de fiabilité.

Au cours des années 1950, les puissances grimpèrent jusqu'à 75 ch et les ingénieurs de la marque savaient que les jours du bicylindre transversal étaient désormais comptés. Il était de moins en moins pratique d'augmenter la cylindrée et de loger le tout sous un capot de dimensions raisonnables. De plus, les

John Deere 620, 1957
Le 620 fut dévoilé en 1956, et succéda au modèle A et à ses suiveurs, les modèles 60. Il était équipé du relevage hydraulique trois points baptisé Custom-Powr-Trol. Le surcroît de puissance avait été en partie obtenu en faisant passer le régime de 975 à 1 125 tr/min. Propriétaire, Bruce Copper.

gros bicylindres comme celui des 820 et 830 tournaient à 1 125 tr/min, ce qui était rapide pour un moteur avec une course de 200 mm. Un quatre-cylindres à course courte équivalent produisait la même puissance à 2 600 tr/min avec une cylindrée moitié moindre.

Avec une confidentialité digne de celle qui entourait le projet Manhattan pour la bombe atomique pendant la Seconde Guerre mondiale, la direction de John Deere sélectionna un groupe d'ingénieurs qui se mirent au travail dans une épicerie reconditionnée en centre d'études. Travaillant dans le secret le plus absolu, ils mirent au point une gamme entièrement nouvelle de tracteurs multicylindres. Ils savaient qu'ils n'auraient pas deux chances pour convaincre les clients que ces tracteurs à trois, quatre ou six cylindres étaient dignes de porter le nom de John Deere. Les services commerciaux étaient prêts pour le second acte. Une gigantesque kermesse de présentation, baptisée "Journées Deere de Dallas", se tint au Coliseum de Dallas, au Texas, le 30 août 1960. John Deere avait acheminé par avion les concessionnaires et la presse de tout le pays pour assister à la présentation de ce qu'ils appelaient la "nouvelle génération de tracteurs". Au programme de la fête, en plus des tracteurs, des animateurs vedettes, des feux d'artifice et des barbecues. La nouvelle génération se composait de quatre gammes, les 1010 de 30 ch, les 2010 de 40 ch, les 3010 de 55 ch et les 4010 de 80 ch. La plupart étaient proposés en versions "essence", "Diesel" et GPL et dans toutes les configurations de l'ancienne gamme, du standard au row-crop. Le 1010 était même disponible avec chenilles.

Les nouveaux tracteurs étaient maniables, bien équilibrés et modernes. Ils avaient également été agréablement habillés par le *designer* industriel Henry Dreyfuss. Les concessionnaires adorèrent et les agriculteurs achetèrent. John Deere avait créé une nouvelle génération qui était à la hauteur de la réputation des bons vieux Johnny Popper.

John Deere 630, 1960

La version "standard" du puissant 630 est assez rare. Il était proposé en versions "essence", "tout pétrole" ou GPL, mais pas en "Diesel". Produit de 1958 à 1960, il remplaçait le 620 et pouvait tirer une charrue quatre socs grâce à son bicylindre de 5 258 cm³ et sa transmission à six vitesses. Les garde-boue et le silencieux "basse fréquence" de section ovale étaient nouveaux sur le 630. Propriétaire, Larry Maasdam.

John Deere 730, 1959

Ci-dessus et à gauche : Toujours frais après quarante-deux ans de travaux des champs, ce 730 essence à direction assistée utilise un bicylindre de 5 905 cm³ donné pour 60 ch à 1 125 tr/ min. Jamais restauré, ce 730 est dans sa livrée originale. Propriétaire, Ken Kass.

John Deere 530, 1959

Version finale d'une série initiée par le vénérable modèle B, le 530 était un tracteur multi-usage parfaitement moderne. Il est photographié en kit Gordon van Tyne de 1926, devant une grange. Tout était fourni dans le kit à l'exception des graviers et de l'eau pour le ciment. Propriétaire, Ken Bates.

Brochure John Deere "nouvelle génération", 1960

La nouvelle génération de tracteurs trois, quatre et six-cylindres de John Deere fut officiellement présentée aux concessionnaires le 30 août 1960, au Coliseum de Dallas, au Texas. C'était la fin d'une époque et le début d'une nouvelle ère.

Les répliques de tracteurs classiques : un travail de passion

La restauration d'un tracteur est déjà un travail décourageant, pourtant certains passionnés vont encore plus loin. La création de répliques fonctionnelles à l'échelle de tracteurs classiques requiert une abnégation et un savoir-faire qui sont souvent récompensés par le respect des autres passionnés lors des rassemblements et des concentrations de tracteurs anciens.

Rumely OilPull, échelle 1/2

Construite par Glen Braun, cette reproduction utilise un bicylindre Continental dont le sens de rotation a dû être inversé. Braun a aussi construit une charrue à six socs Rumely avec des socs de charrues de jardin. Il possède également un Rumely 20/40 Type G de 1923 à l'échelle 1/1.

John Deere 3020, échelle 1/2

C'est Ken Peterman qui a construit cette réplique radioguidée. L'embrayage, le démarrage et l'arrêt du moteur ainsi que la charrue trois socs sont également téléguidés. Le tracteur est équipé d'un moteur Diesel Yanmar et d'une transmission de Farmall Cub. Peterman a passé deux mille quatre cents heures à la construction de ce projet.

Massey-Harris 44 Diesel, échelle 1/2

Ci-dessus : Mue par un trois-cylindres Dakota, cette réplique a été construite par Ken Peterman qui a également construit une moissonneuse pour l'accompagner.

Allis-Chalmers IB, échelle 1/2

Propulsée par un moteur Tecumesh de 3,5 ch, cette réplique est équipée d'une transmission à trois rapports construite avec des pignons de tondeuse à gazon. Tout a été fait à la main, et même la poulie fonctionne. Son constructeur, Gaylord De Jong, possède également un IB taille réelle.

Les tracteurs "customisés"

La course à la puissance commença dès qu'un tracteur s'embourba ou qu'une plus grosse charrue fut disponible pour labourer plus de terre. Le mécanicien du coin ou l'agriculteur bricoleur créèrent leur propre tracteur en échangeant le moteur pour un plus puissant ou en accouplant deux machines qui pouvaient faire deux fois plus de travail.

Pendant la Seconde Guerre mondiale, Ford proposa des camionnettes et des petits camions équipés du quatre-cylindres de tracteur à la place des six et huit-cylindres originaux. Quelques mécaniciens entreprenants se dirent qu'on pouvait faire l'échange en sens inverse et proposèrent des 9N, 2N, 8N et NAA Jubilee équipés de six-cylindres et de V8 Ford. Ainsi transformés, ils devenaient les tracteurs les plus puissants de leur époque. De telles machines apportaient une gloire locale à leur créateur et parfois aussi un coup de téléphone au milieu de la nuit pour dépanner un voisin embourbé. Sur une plus large échelle historique, elles servirent souvent de prototypes à des machines de série et amenèrent le développement des tracteurs à quatre roues motrices et des articulés qui tiennent aujourd'hui le haut du pavé.

Funk-Ford 8N V8, années 1950

Ci-dessous et à droite : Les frères Funk, fondeurs à Coffeeville, dans le Kansas, produisirent des kits de conversion au début des années 1950 pour remplacer le quatre-cylindres original des Ford par le V8 latéral de 3 915 cm³ ou le six-cylindres de 3 702 cm³. Le premier développait 253,5 Nm à 1 600 tr/min et le second 246,8 Nm à 1 200 tr/min. La plupart des conversions V8 Funk ont recours à des doubles échappements verticaux qui offrent au conducteur la musique de l'échappement en stéréo. On pense qu'il a été construit moins de 100 Funk V8. Propriétaire, Robert Meyer.

Funk-Ford 8N V8, années 1950
À gauche : La raison du capot rehaussé des tracteurs Funk-Ford tient à la nécessité d'utiliser un radiateur de plus grande capacité que l'original, et les radiateurs Ford étaient fournis avec le moteur. Du fait que les gaz d'échappement du V8 passaient à travers les chemises de refroidissement, il fallait un radiateur de taille exceptionnelle. Propriétaire, Palmer Fossum.

Farmall M V8 spécial, années 1950
Ce Farmall M a été construit par Norm Sevik et son fils, et utilise un V8 de camion International Harvester.

Fordson Power Major V8 spécial, 1964

En quête de plus de puissance pour le labour, Richard Vincent a monté un V8 Diesel Perkins de 8 354 cm³ sur ce Fordson Power Major.

Le développement des tracteurs articulés à quatre roues motrices

"Le Duplex d'Allis-Chalmers est constitué de deux 6-12 accouplés pour former une seule machine. Les commandes des deux tracteurs sont également accouplées, de manière à fonctionner comme une seule… Pour de nombreuses fermes c'est la solution pour obtenir un tracteur puissant et économique pour les lourds travaux de labour."
(Johann F. "Max" Patitz, ingénieur en chef externe d'Allis-Chalmers, 1919)

En 1959, on n'avait pratiquement jamais vu de tracteurs articulés à quatre roues motrices. Le premier engin de ce type, le TR-14A Diesel de Wagner Tractor, de Portland, dans l'Oregon, fut testé à l'université du Nebraska en juin 1959. Le TR-14A était une évolution du TR-9 qui, lui, n'était pas articulé. Ces imposants tracteurs, puissants et lourds, dérivaient des engins de traction d'aéroports. Animé par un six-cylindres Cummins de 148 ch, le TR-14A pesait 9 473 kg mais pouvait tirer 4 837 kg.
C'est à peu près à la même époque que les chargeurs articulés firent leur apparition. Une firme du nom de Scoopmobile avait construit le premier en 1952. Il en fut vendu très peu jusqu'à la fin de la décennie en raison de problèmes d'articulation. Il semblerait bien que ces engins aient été dérivés des tracteurs *scrapper* à deux roues développés par Letourneau de Peoria, dans l'Illinois, dans les années 1930, qui disposaient déjà d'une direction par articulation hydraulique et d'une grosse charnière au centre.

Brochure Massey-Harris GP, années 1930
Dévoilé en 1936, le Massey-Harris 15/22 GP proposait: "Quatre roues motrices! Motricité équilibrée! Flexibilité!", si l'on en croit cette brochure. Malheureusement, le GP gaspillait une grande partie de la puissance de son quatre-cylindres Hercules pour se mouvoir et la machine ne survécut pas à ses promesses.

Allis-Chalmers Duplex, années 1920

L'étonnant Duplex combinait deux tracteurs 6/12 montés dos-à-dos, offrant aux agriculteurs de l'époque un des premiers tracteurs en tandem pour les lourds travaux. Les commandes de transmission des deux tracteurs étaient accouplées donnant à l'engin une forme primitive de transmission intégrale. Le Duplex était en avance sur son temps, bien trop en avance et il n'en fut construit et vendu qu'une poignée.

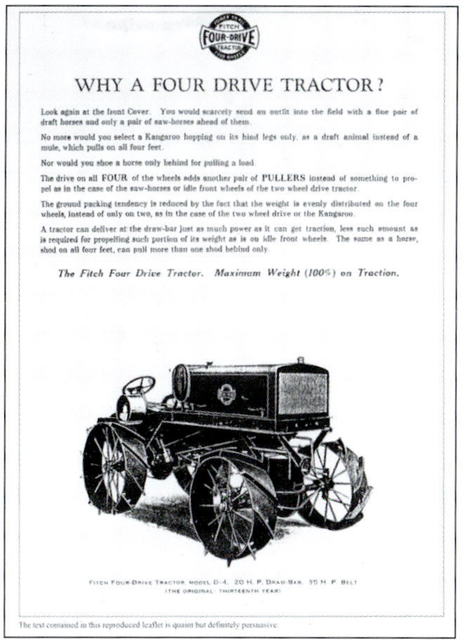

FITCH FOUR-DRIVE TRACTOR

WHY A FOUR DRIVE TRACTOR?

Look again at the front Cover. You would scarcely send an outfit into the field with a fine pair of draft horses and only a pair of saw-horses ahead of them.

No more would you select a Kangaroo hopping on its hind legs only, as a draft animal instead of a mule, which pulls on all four feet.

Nor would you shoe a horse only behind for pulling a load.

The drive on all FOUR of the wheels adds another pair of PULLERS instead of something to propel as in the case of the saw-horses or idle front wheels of the two wheel drive tractor.

The ground packing tendency is reduced by the fact that the weight is evenly distributed on the four wheels, instead of only on two, as in the case of the two wheel drive or the Kangaroo.

A tractor can deliver at the draw-bar just as much power as it can get traction, less such amount as is required for propelling such portion of its weight as is on idle front wheels. The same as a horse, shod on all four feet, can pull more than one shod behind only.

The Fitch Four Drive Tractor. Maximum Weight (100%) on Traction.

FITCH FOUR-DRIVE TRACTOR, MODEL D-4, 20 H. P. DRAW-BAR, 35 H. P. BELT
(THE ORIGINAL - THIRTEENTH YEAR)

The text contained in this reproduced leaflet is quaint but definitely persuasive.

Brochure Fitch Four Drive, années 1920

La Four Drive Tractor Company, de Big Rapids, dans le Michigan, fut l'une des rares à proposer les quatre roues motrices. Comme le souligne justement la brochure: "La transmission aux quatre roues ajoute une paire de roues motrices au lieu d'un poids supplémentaire à tirer." Le Fitch Four Drive apparut en 1916 et fut construit jusque dans les années 1930. Il était animé par un quatre-cylindres Climax et développait 20/36 ch.

Conversion Fordson Major Doe Triple D, années 1960

À la recherche de toujours plus de puissance, quelques agriculteurs bricoleurs et des firmes intrépides combinèrent deux tracteurs en un seul. Deux Fordson major étaient accouplés pour former ce quatre roues motrices articulées avant que des machines de séries ne soient produites. Propriétaire, Jon Hooper.

John Deere-WagnerWA-17, 1968

En 1968-1969, John Deere commercialisa le WA-14 de 225 ch et le WA-17 Turbo de 280 ch des tracteurs articulés à quatre roues motrices construits par Wagner Tractor Company, de Portland, dans l'Oregon. Le moteur Cummins N 855 du WA-14 donnait 178 ch à la barre et le Cummins NT 855 du WA-17, 220 ch.

John Deere, modèles 8010 et 8020

Deere & Company, de Moline, dans l'Illinois

Le 8010 de John Deere fit sensation lorsqu'il fut dévoilé aux journées Deere & Company, de Marsahlltown, dans l'Iowa, en 1959. Il était énorme : plus de 6 mètres de long, près de 2,50 mètres de large, et autant de haut pour un poids de plus de 10 tonnes avec des pneus lestés de liquide qui faisaient presque 1,80 mètre de diamètre. De plus, c'était le premier John Deere depuis quarante ans qui avait plus de deux cylindres.

Le 8010 était propulsé par un six-cylindres General Motors 6-71 de 215 ch à une époque où aucun John Deere ne dépassait les 80 ch. Il avait également une transmission à neuf vitesses quand le plus sophistiqué des John Deere du catalogue en affichait six. Au lieu de freins mécaniques, comme tous les autres John Deere, le 8010 avait des freins à air comprimé. Alors que John Deere explorait les possibilités des engins d'aéroport à quatre roues motrices, il fut poussé à expérimenter le 8010 quand des fermiers québécois commencèrent à remplacer les chenilles de leurs modèles B-Lindeman par des pneus ballons pour une meilleure flottaison en terrain marécageux et dans les fondrières. Le B-Lindeman se dirigeait par débrayage comme les engins d'aujourd'hui. Avant cela, John Deere avait présenté un modèle R équipé d'un moteur General Motors Diesel de 108 ch à quelques fermiers des grandes plaines, triés sur le volet, qui avaient été enchantés par la puissance deux fois plus élevée, laissant présager que les grandes puissances se vendraient bien.

Malheureusement le 8010 ne se vendit pas aussi bien qu'on l'attendait. Une centaine de 8010 furent construits en 1960 et 1961. Un seul fut vendu en 1960 et il fallut aller jusqu'en 1965 pour se débarrasser du reste. Le 8010 avait des problèmes de transmission et de moteur et presque tous les 8010 furent rappelés et transformés en 8020 avant d'être rendus à leurs propriétaires. John Deere n'a aucune trace de quinze des 8010 et il se pourrait qu'ils n'aient pas été transformés en 8020.

Brochure John Deere 8010, 1959

La question est de savoir pourquoi un tracteur aussi en avance ne s'est pas vendu. Est-ce que les fermiers qui avaient essayé le R de 108 ch n'avaient pas besoin de plus de puissance ? Est-ce que la présentation du 8010 à Marshalltown n'avait pas été convaincante ? Même après la reconstruction en 8020, il restait un gros problème, le prix. Le prix d'un 8010 avec relevage à trois points était de trente mille dollars, une somme considérable dans les années 1960, quand on sait que le premier John Deere le plus puissant après le 8010, le 4020, coûtait 10 000 dollars.

Ceux qui avaient choisi le 8010/8020 en étaient contents et en faisaient bon usage, les autres prétendaient que c'était un veau et que sa puissance était loin de celle annoncée. Probablement en grande partie à cause du son particulier du moteur deux temps General Motors ; ceux qui étaient habitués à la nouvelle musique des John Deere à quatre et six cylindres n'osaient pas tirer sur le "Jimmy" (surnom donné aux moteurs GM). Un propriétaire prétendait que pour profiter pleinement des possibilités du 8010, il fallait se prendre les doigts dans la porte trois fois de suite ; une fois bien énervé, vous étiez prêt à tirer le maximum du 8010 !

John Deere 8010, 1959

Alors que les autres constructeurs passaient la barrière des 100 ch, John Deere franchissait celle des 200 ch. Le gros 8010 était le premier tracteur articulé à quatre roues motrices et le premier John Deere à avoir plus de deux cylindres. Le 8010 pesait 9 tonnes et utilisait un six-cylindres Diesel deux temps GM 6-71 turbocompressé qui donnait 215 ch. Le 8010 de la photo est le premier construit, numéro de série 1000, et ne fut jamais vendu neuf, John Deere l'utilisant pour des essais et des démonstrations. Les quatre-vingt-dix-neuf autres 8010 furent convertis en 8020. Ce 8010 fut vendu par le concessionnaire de Marshalltown, dans l'Iowa, à Walter Keller. À l'époque, il avait une culasse fendue et un pignon de transmission cassé. Il a été réparé et le tracteur restauré comme neuf. C'est Walter Keller qui est au volant.

6900
JOHN DEERE

CHAPITRE 6

L'ère moderne (de 1960 à aujourd'hui)

"Seulement un Américain sur vingt vivait à la ferme en 1980 alors qu'en 1940, un sur quatre faisait partie d'une famille d'agriculteurs."
(Outils & Tracteurs, *1980*)

John Deere 6900, années 1990
Photo principale : John Deere lança sa série 6000 en 1992, y ajoutant le 6900 six-cylindres en 1994. Ce tracteur entièrement nouveau développait 130 ch.

Brochure John Deere série 8000, 1994
Ci-dessus : La brochure publicitaire : "Le nouveau pur-sang de la puissance", annonçait les John Deere de la série 8000

Où sont passés tous ces tracteurs ?

À son apogée, au XXe siècle, l'industrie du tracteur agricole comptait deux cents marques de tracteurs indépendantes. Au début du XXIe siècle, il ne restait que quatre groupes aux noms américains, AGCO, CNH Global (Case-New Holland), Caterpillar et John Deere. Tous ne sont pourtant pas américains et nombre des tracteurs qu'ils construisent le sont à l'étranger.

Le changement a toujours été la règle dans l'industrie du tracteur, évolutions et révolutions mécaniques, fusion de marques, regroupements, faillites. Mais comme l'accélération du rythme de la vie, les changements d'aujourd'hui semblent encore plus rapides et plus brutaux que ceux d'autrefois.

Chronologie

1960 : John F. Kennedy, président des États-Unis

1962 : John Glenn premier Américain en orbite autour de la terre

1963 : John F. Kennedy est assassiné à Dallas

1965 : émeutes raciales à Selma en Alabama

1969 : Richard Nixon, président des États-Unis

1969 : premier vol du Concorde

1969 : Neil Armstrong, premier homme à marcher sur la Lune

1973 : premier choc pétrolier aux effets mondiaux

1973 : les Américains se retirent du Vietnam

1974 : Nixon démissionne

1980 : Ronald Reagan, président des États-Unis

1987 : le Dow Jones perd 508 points ; pire score de la bourse américaine

1989 : chute du mur de Berlin et fin du bloc communiste

1991 : première guerre du Golfe

2000 : début du XXIe siècle

Ford 9000, 1969, et Ford modèle NAA Jubilee, 1953

Deux générations de tracteurs séparées seulement par une décennie, mais par combien de changements et d'améliorations ! Le six-cylindres de 6 568 cm³ turbocompressé du 9000 fournit 131 ch et sa transmission dispose de seize vitesses avant avec un doubleur de rapports partiel. Propriétaire, Dean Simmons.

Fordson Super Major, 1962

À gauche : Jusqu'en 1964, la filiale anglaise de Ford construisit une gamme à part sous le nom de Fordson. Le Super Major était un tracteur de la classe des 60 ch pesant 2 475 kg. Sa transmission à trois vitesses comportait une boîte auxiliaire avec vitesse haute et vitesse basse. Il était équipé d'un relevage hydraulique à trois points avec contrôle de pression. Propriétaire, Dean Simmons.

John Deere 1010 Verger, 1964

Le 1010 était le plus petit des John Deere de la nouvelle génération. Celui-ci est l'une des soixante-douze versions "verger" construites, dont seulement soixante-trois avec un moteur essence. Propriétaire, la famille Keller.

John Deere 4020

Deere & Company, de Moline, dans l'Illinois

Le John Deere 4020 est l'un des tracteurs les plus importants depuis le Ford-Ferguson 9N. Il a été surnommé le "tracteur le plus copié du monde", et a été le plus vendu des John Deere depuis le modèle B à deux cylindres.

Le 4020 était une version améliorée du 4010 originel. Présenté à la fin de 1960, le 4010 était le plus gros des John Deere de la nouvelle génération. Trois de ses traits essentiels étaient sa plate-forme ergonomique, dont le *design* avait été confié à un médecin orthopédiste, le système hydraulique central et un relevage trois points avec bras inférieur de contrôle.

C'est le système hydraulique qui présentait le plus d'intérêt pour les générations de tracteurs à venir. Le cœur du système était une pompe à pression constante et débit variable, commandée depuis l'avant du vilebrequin. La pompe fournissait la pression nécessaire au relevage – à la fois à l'attelage trois points et aux outils commandés –, à la direction assistée – il n'y avait pas de connexion mécanique aux roues avant –, aux freins assistés et au blocage de différentiel.

Proposé à partir de 1963 jusqu'à 1972, le 4020 offrait en option une transmission assistée à huit vitesses avec quatre marches arrière. Il était décliné en versions "row-crop", "surélevé" et "standard" ainsi qu'avec des moteurs, essence, Diesel ou gaz liquide, le Diesel étant le plus demandé.

Le diesel avait un six-cylindres de 6 618 cm^3, les moteurs essence et gaz liquide étant équipés de moteurs de 5 569 cm^3. Tous avaient un régime maximal de 2 200 tr/min. Le diesel afficha 91 ch lors des tests du Nebraska, la version "essence", 88 ch et la version "gaz liquide", 90 ch.

Autre trait marquant du 4020, il était le premier John Deere deux roues motrices à franchir la barre des 10 000 dollars.

John Deere 4000 "profil bas", 1971

Le 4000 était une version bon marché du 4020 dont il ne fut construit que quarante-six exemplaires. Propriétaire, la famille Keller.

John Deere 4010 HC LP, 1962

Il s'agit de l'un des vingt-trois 4010 Hi-Crop (surélevé) au gaz liquide. La plupart étaient destinés aux plantations de cannes à sucre de Louisiane. Le 4010 était équipé d'un six-cylindres de 6 224 cm^3, mais il était aussi disponible en "Diesel" ou au "gaz liquide" dans des versions "standard", tricycle ou surélevée. Propriétaire, la famille Keller.

Brochure John Deere 4020, 1969

À droite : Le John Deere 4020 fut l'un des plus importants tracteurs de sa génération. Présenté à la fin de 1960, le 4020 était une version améliorée du 4010. Le moteur Diesel de 91 ch était un six-cylindres de 6 618 cm³. Le moteur essence de 88 ch et le moteur GPL étaient des 5 569 cm³.

John Deere 4030, 1972

Ci-dessous : Le 4030 était équipé d'un six-cylindres de 5 389 cm³ développant 80 ch. Toujours bon pour le service, celui-ci appartient à Glen Braun. Lady garde le tracteur.

Farmall 806

International Harvester Company,
de Chicago, dans l'Illinois

La réponse d'International Harvester au 4020 de John Deere fut le Farmall 806 en version "row-crop" et l'International Harvester 806 en version "standard". Le 806 était équipé d'une centrale hydraulique indépendante, comme celle inaugurée par le 4020, encore que le 806 ait eu des circuits séparés pour la direction, les freins et les outils. À l'époque, le 806 était présenté comme le tracteur tous usages le plus puissant avec plus de 90 ch. Il afficha 94,93 ch à la prise, contre 91,17 ch au 4020, au cours des tests de l'université du Nebraska. Le 806 était équipé d'un six-cylindres Diesel de 5 913 cm^3 ou d'un moteur de 4 930 cm^3 pour les versions "essence" et GPL. Le régime du 806 était de 2 400 tr/min contre 2 200 pour le 4020.

Le 806 avait une transmission à huit vitesses avec un amplificateur de couple à deux étages qui donnait seize vitesses avant et deux rapports arrière. La direction assistée était en option.

Le 806 fut produit de 1963 à 1967 et fut remplacé par le 856 de 100 ch dont la carrière dura jusqu'en 1971.

International Harvester 806, 1967

Présenté comme le tracteur tous usages le plus puissant de l'époque, le 806 fut mesuré à 95 ch à la prise contre 91,17 au John Deere 4020 au cours des tests de l'université du Nebraska. Le 806 était équipé d'un six-cylindres Diesel de 5 913 cm^3 ou d'un moteur de 4 930 cm^3 pour les versions "essence" et GPL, tous deux avec essieu avant large ou étroit. Un système hydraulique central inspiré de celui du John Deere 4010/4020 actionnait la direction, le relevage et les freins. Le 806, un des tracteurs d'International les plus populaires, fut construit de 1963 à 1967.

La magie des plus de 100 chevaux

La puissance est simplement la façon de mesurer la vitesse à laquelle on peut accomplir le travail à effectuer. Dans la mesure où le travail de la ferme semble toujours devoir être fait dans l'instant, il n'y a pas d'autre solution que toujours plus de puissance. On peut aujourd'hui s'interroger sur la patience des agriculteurs des années 1920 devant des hectares à labourer avec une simple charrue à un soc !

Dans les années 1960, le tracteur moyen avait une puissance de 40 à 50 ch. Aujourd'hui, c'est la norme des petits tracteurs. Les plus gros des tracteurs à deux roues motrices d'aujourd'hui sont plus puissants que la plupart des quatre roues motrices des années 1960. Vers la fin du XXe siècle pourtant, les pratiques de scarification et les coûts exorbitants, les sommets ayant été atteints dans les années 1970, ont conduit à une réduction de la puissance.

Avec son RD-8, Caterpillar fut le premier à passer le mur des 100 ch en 1936, comme en attestent les essais de l'université du Nebraska. Ce tracteur chenillé de 15 300 kg était entraîné par un six-cylindres de 20 409 cm^3. Cletrac ne fut pas long à réagir avec ses chenillards FD diesels et FG (Gasoline) à essence.

Le premier tracteur à deux roues motrices à dépasser les 100 ch fut le John Deere 5010 de 1962. Son six-cylindres Diesel faisait 121 ch à la barre. Pour limiter le patinage et passer le maximum de puissance au sol, il était équipé de pneumatiques arrière de 24.5 x 32 avec un lest de plus de 7 600 kg. Allis-Chalmers arriva dans la cour des plus de 100 ch en 1963 avec son D-21 de 103 ch.

Une fois le génie des 100 ch sorti de sa lampe, chacun voulut sa part de magie et tous les constructeurs prirent le train en marche. Les turbocompresseurs et les échangeurs devinrent la norme dans cette course à la puissance. Dans la catégorie des deux roues motrices arrivèrent les Case 1031 et les Minneapolis-Moline G-1000 en 1966, tandis que les quatre roues motrices avaient déjà fait irruption avec les John Deere 8010 en 1959, les International Harvester 4300 en 1962 et les Case 1200 en 1964. Le John Deere 8010 était par la même occasion le premier tracteur à dépasser les 200 ch.

La course aux chevaux était menée par la firme Big Bud de Havre, dans le Montana, qui avait débuté dans la construction de tracteurs en 1968. Le KT-450 de Big Bud en 1976 était équipé d'un moteur Cummins de 450 ch. Sur certaines exploitations californiennes et sur certaines autres dans l'Ouest, le modèle Big Bud de 1978 recevait même un seize-cylindres de 760 ch ! Le champion toutes catégories reste le géant Caterpillar D11 de 800 ch à un million de dollars, bien qu'il ne soit pas couramment utilisé à la ferme en dehors des travaux de sous-solage.

"Quand vous abaissez l'outil et que vous enfoncez l'accélérateur, vous voulez toute la puissance tout de suite avec l'accélération qui va avec."
(Brochure Steiger, années 1980)

Oliver 1655 Diesel, 1974
La course à la puissance battait son plein. Les deux versions du six-cylindres du 1655, "essence" et "Diesel", étaient affichées à 70 ch. La cylindrée du Diesel était de 4 635 cm^3 et celle du moteur à essence de 4 341 cm^3.

Massey-Ferguson 1080, 1974

À droite : Avec son Perkins Diesel de 6 241 cm³ le 1080 faisait partie de la classe des 80 ch. Son poids en ordre de marche était de 5 400 kg et sa transmission à six rapports à double étage donnait douze vitesses avant. Propriétaire, Maurice Burston.

Minneapolis-Moline M-504, 1963

Deux photos ci-dessus : Ce M-504 Diesel à quatre roues motrices est l'un des vingt et un qui furent construits en 1962 et 1963. Propriétaire, la famille Keller.

Case 1030 Comfort King, 1966

Le 1030 était proposé en tracteur tous usages, comme ici, ou en version "standard". Il était équipé d'un six-cylindres de 7 387 cm³ et fut le premier Case à dépasser les 100 ch. Propriétaire, Jay Foxworthy.

Minneapolis-Moline G-1050 LP, 1971

Le G-1050 est équipé d'un moteur six-cylindres de 8 255 cm³ développant 110 ch. Propriétaire, Roger Mohr.

Trio de Massey-Ferguson

Ces Massey-Ferguson 9240, 6150 et 65 décorent le versant d'une colline ensoleillée.

International Harvester 966 Hydro, 1975

À gauche : Les tracteurs de la série 66 d'International Harvester furent construits de 1971 à 1976. Le 966 était un 100 ch et celui-ci est équipé de la transmission hydrostatique proposée en option. Il utilise un six-cylindres Diesel de 6 781 cm³. Le turbocompresseur était en option.

Ford 8600, 1973

Équipé d'un moteur Ford Diesel atmosphérique de 6 568 cm³ le 8600 avait succédé au 8000. Les évolutions successives avaient amené sa puissance à 110 ch et sa boîte de vitesses à deux étages offrait seize vitesses.

Ford TW-35 FWD Diesel, 1984

Ce tracteur de 171 ch recevait un moteur de 6 568 cm³ turbocompressé avec échangeur. Son poids en ordre de marche était de 9 000 kg. Propriétaire, la famille Bissen.

Allis-Chalmers D-19

Allis-Chalmers Company, de Milwaukee, dans le Wisconsin

Allis-Chalmers ED-40, 1965

Ci-dessus : Semblable au D-12, l'ED-40 d'Allis-Chalmers fut construit dans l'usine d'Essendine, en Angleterre, pour les marchés anglais et canadiens à partir de 1963. Il était équipé d'un quatre-cylindres de 2 260 cm³ associé à une transmission à quatre vitesses à deux étages.

Allis-Chalmers D-19, 1963

À droite : Le D-19 fut construit à un peu plus de dix mille exemplaires dans l'usine de Milwaukee, dans le Wisconsin, de 1961 à 1964. Il était proposé en version essence, GPL et "Diesel", mais seul le Diesel se distinguait en étant le premier tracteur de série à être équipé d'un turbocompresseur. Les trois moteurs étaient des six-cylindres Allis-Chalmers de 4 292 cm³ et leur puissance était de l'ordre de 65 ch. Allis-Chalmers avait été l'un des plus grands fournisseurs de turbocompresseurs pour l'aviation au cours de la Seconde Guerre mondiale. Propriétaire, la famille Kragg.

Bien que son outil industriel fût dépassé, Allis-Chalmers continua de produire des machines compétitives et modernes, comme le D-19. Le D-19 fut le premier tracteur à faire usage d'un turbocompresseur, un élément largement répandu aujourd'hui, au-delà des seuls tracteurs de forte puissance.

Le turbocompresseur consiste en un compresseur centrifuge à l'extrémité d'un arbre et en une turbine d'alimentation à l'autre extrémité. Quand les soupapes d'échappement libèrent, des cylindres, les gaz à haute température et sous haute pression, ces derniers font tourner la turbine à grande vitesse. Elle entraîne alors le compresseur, à l'autre bout de l'arbre, qui alimente en air comprimé à deux ou trois fois la pression atmosphérique le collecteur d'admission. Plus le moteur tourne vite, plus il y a de puissance à l'échappement pour faire tourner le compresseur qui fournit donc plus de puissance pour tirer la charge. Contrairement aux simples compresseurs comme ceux utilisés sur les moteurs Diesel deux temps General Motors, le turbocompresseur utilise uniquement la puissance des gaz qui aurait été gaspillée. Avec le turbocompresseur, un petit moteur fournit autant de puissance qu'un plus gros, mais en ne consommant pas plus de carburant que le petit moteur qu'il est en réalité.

Le turbocompresseur fut inventé par l'ingénieur suisse Alfred J. Buchi en 1909, mais il ne se passa rien jusqu'à la Seconde Guerre mondiale. General Electric, qui avait une large expérience des turbines à eau et à vapeur pour entraîner les générateurs, construisit des turbocompresseurs pour la plupart des moteurs à haut rendement des avions de l'US Air force, pour leur conserver leur puissance aux plus hautes altitudes.

La production de l'Allis-Chalmers D-19 turbocompressé s'étala de 1961 à 1964 et seulement dix mille en furent construits. Il était disponible en version "essence" et GPL, mais seul le Diesel était équipé du turbocompresseur. Les trois moteurs étaient des six-cylindres de 4 292 cm³ de 65 ch.

Suite à l'utilisation réussie du turbocompresseur, d'autres tracteurs en furent équipés. Des marques comme M. & W. Gears vendaient des kits de seconde monte. À la fin des années 1960, tous les grands constructeurs américains proposaient un modèle turbocompressé.

Allis-Chalmers D-21, 1963

À gauche : Premier Allis-Chalmers de plus de 100 ch, le D-21, animé par un six-cylindres Diesel de 6 978 cm³, faisait 119 ch. Après 1965, une version turbocompressée de 127 ch fut proposée. Propriétaire, la famille Kragg.

Les cabines d'usine : le confort arrive au tracteur

"Comme le citadin a besoin d'une voiture fermée confortable pour se rendre au travail, l'agriculteur qui passe une large partie de son temps sur son tracteur a besoin de plus de confort pour mieux accomplir son travail."
(Brochure du Minneapolis-Moline UDLX, 1938)

Bien qu'elle ait été inaugurée par le Minneapolis-Moline UDLX dès 1938, la cabine d'usine ne devint populaire sur les tracteurs qu'à partir des années 1970. Sur les premiers tracteurs, le conducteur était positionné le plus loin possible en arrière afin qu'il puisse atteindre les commandes des outils que tirait le tracteur. Avec l'arrivée de l'hydraulique, le siège fut avancé pour plus de confort et de sécurité. Bien qu'ils n'aient plus à attraper les commandes des outils, de nombreux agriculteurs rechignaient néanmoins à être enfermés, ils voulaient voir directement les dents des cultivateurs montés entre les essieux passer entre les rangs de maïs. Quand la plupart des outils furent montés à l'arrière avec l'arrivée des relevages trois points, il n'y eut plus rien à voir et comme conduire en regardant derrière n'était pas recommandé, les dernières réticences envers la cabine disparurent.

Dans les années 1960, de nombreuses firmes offraient des cabines pour les tracteurs les plus répandus du marché. La plupart étaient moyennement satisfaisantes. Certaines intensifiaient même le bruit et la poussière.

Les cabines offertes par les constructeurs étaient nettement plus efficaces. En plus du chauffage, de la climatisation et de la radio, on disposait d'un siège confortable – style siège de bureau – avec tous les réglages possibles pour l'adapter à la morphologie du conducteur. Les manettes et comodos étaient disposés ergonomiquement à portée sous la main. Une légère surpression empêchait la poussière d'envahir l'habitacle et le bruit était si atténué qu'on pouvait vraiment profiter de la radio. À partir de 1971, l'université du Nebraska prit en compte le niveau sonore des cabines de tous les tracteurs essayés.

John Deere 4430, 1972
Deux photos ci-dessus : Avec son six-cylindres turbocompressé de 6 617 cm³, le 4430 faisait 126 ch.

Allis-Chalmers One-Ninety XT Series III, 1971
Ci-dessus et à gauche : Le One-Ninety et le One-Ninety XT étaient identiques au moteur près. La version normale recevait un moteur de 4 341 cm³ alors que le XT utilisait un 4 930 cm³.
Le One-Ninety fut produit de 1964 à 1973. Une version "Diesel" du XT, équipée d'un turbocompresseur, affichait 93 ch à la barre. Propriétaire, la famille Kragg.

Oliver 2255, 1973
À gauche : Propulsé par un V8 Caterpillar de 9 386 cm³, ce tracteur de 7 650 kg développait 147 ch, servis par une transmission à dix-huit vitesses. Propriétaire, Lee Miller.

Case-IH 956XL, 1988
À gauche : La version XL du Case-IH 956 était équipée d'une cabine "deluxe" avec une option air conditionné.

Massey-Ferguson 3095, années 1980
Deux photos du bas : Ce Massey-Ferguson 3095 tire une presse ramasseuse New Holland 865.

Transmission : la course aux rapports

À partir de 1960, les transmissions multi-rapports étaient la norme, et les réducteurs de couple, comme celui proposé par International Harvester avec son Torque Amplifier, étaient devenus chose commune. En 1957, Case dévoila sa transmission à convertisseur de couple Case-O-Matic qui offrait une excellente motricité en charge. Oliver présenta un système similaire sur son modèle 995 GM Lugmatic en 1958. En 1981, Steiger commença à faire usage d'une transmission assistée Allison (encore filiale de General Motors à l'époque), à cinq vitesses à convertisseur de couple avec une boîte auxiliaire à deux étages.

En 1959, Ford présenta la Select-O-Speed à dix vitesses, première transmission entièrement automatique ; et John Deere offrit la sienne en 1963. Aujourd'hui, les transmissions automatiques à dix-huit vitesses sont chose courante. Ainsi le Caterpillar Challenger dispose d'une transmission à seize vitesses avant (avec neuf marches arrière) offrant cinq modes de passage des rapports, par impulsion rapport par rapport, par présélection des vitesses, en montant ou en descendant les rapports, ou entièrement automatique du dixième au seizième rapport.

Minneapolis-Moline M-5, 1964
Le fameux M-5 était proposé dans cette version GPL surélevée. Produit de 1960 à 1964, il était équipé d'un quatre-cylindres de 5 504 cm³ à transmission cinq rapports et boîte auxiliaire à deux étages. Le M-5 existait également en version "essence" ou "Diesel". Propriétaire, la famille Keller.

En 1990, Ford offrit un système similaire à dix-huit rapports, baptisé Ultra-Command. On poussait le levier en avant ou en arrière pour passer de marche avant à marche arrière dans n'importe quel rapport sélectionné. Le rapport se choisissait en poussant le levier vers la gauche pour les vitesses inférieures ou vers la droite pour les vitesses supérieures.

International Harvester dévoila sa transmission hydrostatique en 1969 sur ses modèles 826 et 1026. Ces tracteurs proposaient eux aussi un sélecteur manuel de vitesse inférieure ou supérieure, mais, sur chaque rapport, la vitesse d'avancement pouvait varier à l'infini, toujours au même régime moteur. Versatile Manufacturing, de Winnipeg, dans le Manitoba (Canada), offrit également la transmission hydrostatique sur son modèle 150 en 1977.

En 1972, Oliver arriva en tête de la course au nombre de vitesses avec dix-huit marches avant, grâce à une transmission à six vitesses traditionnelle couplée à une boîte auxiliaire à trois étages, avec régime inférieur, direct ou supérieur. Allis-Chalmers lui ravit la place en 1973 avec une boîte à vingt vitesses sur ses 7030 et 7050. Massey-Ferguson mit tout le monde d'accord en 1978 avec une transmission à vingt-quatre vitesses que Steiger adopta à son tour sur son Tiger IV en 1984. Case-IH disposait également de vingt-quatre vitesses en 1986 avec une boîte à quatre vitesses et une boîte auxiliaire à six rapports. John Deere y vint en 1989. Les Massey-Ferguson 3050 et 3060 de 1987 proposaient trente-deux vitesses, via une boîte auxiliaire à quatre étages, associée à une transmission à quatre rapports synchronisés à vitesses basses et lentes. En 1995, White adopta également trente-deux vitesses mais avec une transmission à huit rapports et une boîte auxiliaire à quatre étages. Le champion toutes catégories fut l'AGCO-Allis 8630 avec quarante-huit vitesses, une transmission à seize rapports avec une boîte auxiliaire à trois étages.

Ford 4000 Diesel, 1973
Le 4000 était équipé d'un trois-cylindres de 3 292 cm³ qui le classait dans les 50 ch. Son poids était seulement de 2 250 kg, mais il pouvait être facilement doublé avec les lests. La transmission à huit rapports offrait des vitesses de 2,4 à 27 km/h. Propriétaire, Dennis Burstin.

Les technologies abandonnées

Depuis les années 1960, l'industrie du tracteur agricole a abandonné les distillats de pétrole et le GPL. Le dernier tracteur utilisant le gaz liquide fut testé en 1968 à l'université du Nebraska.

L'essence fut, elle aussi, abandonnée. L'International Harvester 284 fut le dernier tracteur à essence testé à l'université du Nebraska, en 1978. Depuis cette date, il n'y a plus que des tracteurs Diesel aux États-Unis, à l'exception des tracteurs de jardin. La seule exception est le nouveau Ford série N fabriqué par N-Complete de Wilkinson, dans l'Indiana. Selon Tom Armstrong de N-Complete, les Ford N sont refabriqués avec des pièces répondant aux normes des tracteurs actuels et une nouvelle garantie est proposée, comme pour un tracteur neuf.

Cependant un des plus grands changements passa presque inaperçu, l'abandon des trains avant étroit. Bien qu'ils aient continué à être inscrits à la plupart des catalogues constructeurs, les trains avant étroits à roues jumelées ou monoroue ne furent presque plus vendus à partir de 1973. Deux explications peuvent être avancées pour expliquer cette désaffection. D'une part avec l'arrivée des traitements chimiques il n'était plus nécessaire de cultiver les plantes à tiges, et l'usage de plus en plus courant des chargeurs avant, dont l'utilisation était bien plus agréable avec un train avant large.

Case 1030, 1966
Ce Case 1030 en état de marche servait encore à actionner un élévateur à vis sans fin pour charger des wagons chez Farmer's Seed and Grains de Charles City, dans l'Iowa, au cours de l'été 1999. Wayne Bottloson était en charge des opérations.

Minneapolis-Moline M-670, 1964
Cette version originale du M-670 fonctionnait au gaz liquide et fut l'une des dernieres équipées d'un train avant étroit. Le M-670 fut construit de 1964 à 1970. Propriétaire, Matt Ross.

La prolifération des tracteurs articulés à quatre roues motrices

La tendance aux tracteurs de plus en plus gros et de plus en plus puissants s'intensifia au cours des années 1960. Les capacités limitées de direction des roues avant motrices poussèrent les constructeurs à trouver d'autres solutions, comme le débrayage, semblable à ce que l'on trouvait sur les tracteurs à chenilles ou le tracteur articulé à quatre roues motrices. C'est cette dernière technique qui l'emporta rapidement.

International Harvester 4586, 1979

À gauche : Le 4586, produit de 1976 à 1980, était équipé d'un Diesel de 13 104 cm^3 de cylindrée et d'une transmission à neuf vitesses.

John Deere 8440, 1980

Ci-dessous : Le 8440 était propulsé par un Diesel turbocompressé de 7 633 cm^3 de 180 ch avec échangeur. Propriétaire, Don Bray.

John Deere 8850, 1984

Au-dessus et à droite : Entraîné par un V8 turbocompressé de 15 643 cm^3 avec échangeur, le 8850 était le haut de gamme de John Deere. Six projecteurs permettaient à cet engin de 120 000 dollars de travailler de jour comme de nuit. Sa puissance maximale était de 304 ch à la prise et l'énorme 8850 avait une puissance de traction à la barre équivalant à 94 % de son poids. Propriétaire, Ruth Schaeffer.

John Deere 8450, 1982

Avec un poids de plus de 13 tonnes, le 8450 était un gros tracteur articulé à quatre roues motrices. Son six-cylindres turbocompressé développait 187 ch.

Case 1200 Traction King, 1964

Première incursion de Case dans l'univers des quatre roues motrices, le Traction King offrait également quatre roues directrices. La puissance était fournie par un Diesel de 7 551 cm^3. Propriétaire, John Thierer.

Ford FW-30, 1979

Ci-dessus et à gauche : Propulsé par un V8 Diesel Cummins de 14 791 cm³, le FW-30 de 14,4 tonnes était une grosse machine à l'époque. C'est Steiger qui construisait la série FW pour Ford. Son propriétaire, Dale Bissen, l'a équipé d'un turbocompresseur faisant passer la puissance de 205 à 270 ch.

International Harvester 3588, 1980

Dernières nouveautés d'International Harvester avant la fusion avec Case, les tracteurs de la série 2+2 étaient le must de l'époque. Le 3588 avait un Diesel de 150 ch.

White Field Boss 4-225, 1983

Propulsé par un V8 Diesel Caterpillar turbocompressé de 10 418 cm³, le 4-225 disposait d'un système hydraulique central et de dix-huit vitesses. Sa cabine était équipée d'un écran digital à quatorze chaînes et de l'air conditionné.

White Plainsman A4T-1600, 1971

Ce Plainsman articulé avait commencé sa carrière sous la marque Minneapolis-Moline. Il fut ensuite vendu sous le nom d'Oliver 2655, avant de devenir White Plainsman en 1970. Le moteur était un Minneapolis-Moline Diesel de 9 582 cm³ de 143 ch. Il utilisait une transmission à dix rapports fixes et pesait 9 tonnes.

International Harvester 6588, 1982

Le concept 2+2 d'International Harvester, présenté en janvier 1979, offrait une structure particulièrement originale pour un tracteur articulé avec sa cabine derrière le point d'articulation et le moteur devant. En fait le moteur était en porte-à-faux devant l'essieu avant pour des raisons de distribution des masses, le réservoir placé derrière faisant office de tampon sonore entre le moteur et la cabine. Deux puissances étaient proposées, le 3388 de 130 ch et le 3588 de 150 ch qui furent respectivement remplacés par le 6388 et le 6588 pour l'année-modèle 1982, avec une transmission améliorée, mais sans augmentation de puissance. Deux modèles plus puissants étaient en gestation, le 7288 de 210 ch et le 7488 de 235 ch, quand les problèmes financiers d'International Harvester devinrent insurmontables et que la reprise par Tenneco devint inéluctable. Le rachat intervint en 1984 et les 2+2 furent abandonnés.

Versatile

Versatile Manufacturing Ltd, de Winnipeg, dans le Manitoba (Canada)

Commis dans la ferme familiale de Canora, au Canada, Peter Pakosh avait toujours été fasciné par les machines. Pendant les dures années de la grande dépression des années 1930, il avait été contraint de quitter la ferme et de trouver du travail chez Massey-Harris. Quand on lui refusa un poste au bureau d'études Massey-Harris, il commença à dessiner ses propres machines dans son sous-sol, imaginant notamment un élévateur à grain utilisant moins de pièces en mouvement que tous les modèles existants et coûtant donc moins cher à produire.

Avec l'aide de son beau-frère mécanicien, Roy Robinson, Pakosh fonda l'Hydraulic Engineering Company en 1947, hypothéquant tous leurs biens et empruntant les économies que l'épouse de Pakosh gardait pour s'acheter un manteau de fourrure. Ils baptisèrent leur machine, ainsi qu'un nouveau pulvérisateur de leur invention, Versatile, devenant la société anonyme Versatile Manufacturing Ltd en 1963.

En 1966, Pakosh lança son premier tracteur à quatre roues motrices, premier quatre roues motrices fabriqué en grande série, mais vendu au même prix qu'un tracteur à deux roues motrices d'une grande marque. Pakosh s'était fait la réputation de construire des machines simples et pratiques que les petits fermiers pouvaient acheter, entretenir et réparer eux-mêmes. Les Versatile se vendaient essentiellement au Canada, dans le Minnesota, le Montana et le Dakota du Nord et du Sud.

Pakosh vendit Versatile à Cornat Industries de Vancouver en 1976. En 1987, New Holland racheta la marque, mais en 1999, Versatile fut exclue des négociations pour le groupe CNH Global NV et redevint indépendante.

Versatile 150, 1977

Présenté en 1977, le modèle 150 était le révolutionnaire tracteur bidirectionnel de Versatile.

Versatile 895, 1980

Avec son six-cylindres Cummins turbocompressé de 14 005 cm³, le 855 articulé de Versatile développait 251 ch à la barre.

Steiger

Steiger Tractor Company, de Fargo, dans le Dakota du Nord

Brochure Steiger, années 1980
Dans les années 1980, la gamme Steiger comptait le Bearcat III, le Cougar III, le Panther III, le Panther 1000 et le Tiger III, tous à moteur Caterpillar.

La nécessité fut le moteur des deux frères Maurice et Douglass Steiger. Ils cherchaient un tracteur à quatre roues motrices puissant pour leur exploitation près de Red Lake Falls, dans le Minnesota, mais aucun tracteur existant ne correspondait à leurs souhaits. À partir d'une pelle automotrice Euclid, ils construisirent leur propre tracteur dans la laiterie de la ferme, au cours de l'hiver 1957-1958. Le Steiger fait maison à partir de matériaux de récupération pesait 6 750 kg et était animé par un moteur Diesel Detroit de 238 ch. Les fermiers des environs furent séduits et alignèrent l'argent pour avoir leur propre Steiger. Environ cent vingt-cinq Steiger furent ainsi construits à la ferme.

Steiger Tractor devint société anonyme en 1969 avec une usine à Fargo, dans le Dakota du Nord. La même année, les premières séries du Wildcat, Super Wildcat, Bearcat, Cougar et Tiger voyaient le jour. Parallèlement, la firme construisait en sous-traitance pour la plupart des grands constructeurs, Allis-Chalmers, Ford et International Harvester.

Mais, en 1986, des finances en mauvais état amenèrent Steiger à la faillite ; elle fut reprise par Tenneco. Steiger continua de construire des engins mais peints en rouge, aux couleurs de Case, au lieu du vert Steiger. En 2000, la marque qui avait construit plus de cinquante mille tracteurs à quatre roues motrices intégra le groupe CNH Global NV.

Steiger Panther CP-1360, 1982
Le Panther propulsé par un six-cylindres Caterpillar de 334 ch était construit par la Steiger Tractor Company, de Fargo, dans le Dakota du Nord. Il était équipé d'une transmission à seize vitesses et pesait 15 750 kg.

Case-IH 9280, 1991

En 1986, Tenneco reprit Steiger en difficultés et l'intégra à sa gamme Case-IH. En 1991, le 9280 était le plus gros tracteur de la firme. Il utilisait un moteur turbocompressé à échangeur de 14 005 cm^3 de 344 ch.

Case-IH Steiger 9330, 1999

AGCO : un riche héritage

Le 1er novembre 1960, juste avant l'élection du Président John F. Kennedy, la White Motor Corporation de Cleveland, dans l'Ohio, racheta Oliver Corporation. L'année suivante, le constructeur canadien Cockshutt venait s'ajouter à la famille White, et Minneapolis-Moline la rejoignait en 1963. Ces marques continuèrent jusqu'en 1969, puis furent toutes abandonnées au profit de la seule marque White Field Boss.

En 1985, Allis-Chalmers fut intégré au groupe allemand Klöckner-Humboldt-Deutz (KHD) et devint Deutz-Allis. En 1990, Allis-Gleaner Company (AGCO) racheta Deutz-Allis et en 1993 racheta la marque White. En 1993 et 1994, AGCO racheta tous les avoirs de Massey-Ferguson dans le monde qui incluaient à l'époque les tracteurs McDonnell. Les tracteurs construits sous la marque AGCO comptaient désormais AGCO Allis, AGCO Star, Massey-Ferguson, White et Landini.

Les origines de ces tracteurs modernes remontent jusqu'à Hart-Parr. De nombreuses premières mondiales ont conduit aux machines d'aujourd'hui : la première usine de tracteurs, le premier tracteur de série, la première publicité d'un tracteur, le premier tracteur à pétrole, la première transmission à plusieurs vitesses, le premier moteur de tracteur à soupapes en tête ; le premier tracteur articulé, le premier tracteur avec démarreur et phares, la première prise de force indépendante, le premier différentiel autobloquant, le premier tracteur à pneumatiques de série, le premier tracteur à gaz liquide, le premier tracteur à freins à disques, la première cabine de tracteur avec une radio, le premier moteur à quatre soupapes par cylindre.

Un fameux héritage !

Minneapolis-Moline M-670, 1968

Qu'il soit configuré pour l'essence, le Diesel ou le GPL, le M-670 utilisait un moteur Minneapolis-Moline de 5 504 cm³. Les trois versions étaient dans la catégorie des 70 ch.

Oliver 1600, 1963

Deux photos à gauche : Construit en 1962 et 1963, le 1600 était proposé en versions “essence”, GPL ou “Diesel”. Celui-ci est une version “essence” ; il appartient à Eldon Oleson qui travailla pour Oliver/White à Charles City, dans l’Iowa, pendant trente-neuf ans.

Oliver 770, 1960

Le 770, une évolution du 77 qu’il remplaçait, fut présenté en 1958. Son six-cylindres délivrait environ 55 ch en version “essence” – comme celui-ci –, “Diesel” ou GPL.

Oliver 1755, 1970

Le moteur Diesel de 5 078 cm³ du 1755 fournissait 86 ch “certifiés”. Celui de la version “essence”, un peu plus petit avec seulement 4 636 cm³, donnait également 86 ch.

Oliver 1755, 1975

Ce 1755 est équipé du moteur Diesel de 5 078 cm^3 et du sélecteur "Over-Under" qui accompagne la boîte à six vitesses. Propriétaire, David Preuhs.

White 2-180 série 3, 1978

Ci-dessus et à droite : Ce Field Boss 2-180 tire une presse Vermeer, modèle 605 F. Le gros White était équipé d'un moteur V8 Caterpillar. Propriétaire, Bruce Copper.

White 6124, 1999

Le nouveau White 6124 faisait partie de la classe des 125 ch.

AGCO-Allis 8630, 1995

Deutz-Allis 9130 FPA, 1992
Ci-dessus et à gauche.

Case 1070 Agri King, 1970
Ci-dessus et à gauche : Le Case 1070 avec son moteur de 7 387 cm³ faisait partie de la classe des 100 ch. Le modèle 1070 fut commercialisé de 1970 à 1978 avec un moteur six-cylindres accouplé soit à une boîte manuelle à huit rapports soit avec une transmission à douze vitesses à doubleur partiel.

Case 1570 Spirit of '76, 1976
Case construisit le 1570 en 1976 et 1977. Cette peinture spéciale fut adoptée pour le bicentenaire des États-Unis commémoré en 1976. Propriétaire, J. R. Gyger.

Case 830 HC Comfort King, 1960
Ce modèle 830 surélevé était équipé de la transmission Case-O-Matic. C'était un tracteur de 60 ch. Propriétaire, J. R. Gyger.

International Harvester 1466 Turbo, 1973
Produit de 1971 à 1975, le 1466 de 145 ch utilisait un moteur six-cylindres Diesel de 7 142 cm³.

International Harvester 1066, 1973
Produit de 1971 à 1975, le 1066, proposé en version turbocompressée avec la transmission hydrostatique, faisait 125 ch.

International Harvester 784, 1979
Le 784 était équipé d'un quatre-cylindres Diesel de 4 029 cm³ de 65 ch. Les tracteurs de la série 84 étaient construits à l'usine International Harvester de Doncaster, en Angleterre.

Case-IH 7130, 1993
Construit de 1988 à 1993, le 7130 était équipé d'un six-cylindres de 8 272 cm³ de 175 ch avec une transmission à dix-huit vitesses.

International Harvester 5488, 1982
Avec son six-cylindres Diesel de 7 633 cm³, le 5488 était le premier tracteur International Harvester à deux roues motrices de la classe des 180 ch avec 187 ch. La direction assistée fut proposée en option par la suite.

CNH Global NV : un conglomérat riche d'histoire

La fusion entre Case Corporation et New Holland NV, en novembre 1999, donna naissance au plus important constructeur d'équipements agricoles. La nouvelle compagnie, dont les chiffres de vente s'élèvent à douze milliards de dollars, installera son siège à Racine, dans le Wisconsin. En 1844, quand J. I. Case commença à produire des moissonneuses à Rochester, les édiles lui refusèrent l'accès aux eaux de la rivière Fox. C'est pour cette raison que Case installa ses usines à une quarantaine de kilomètres plus à l'est, près du lac Michigan, dans la ville de Racine. Ce fut la grande erreur de Rochester.

Au cours de sa longue histoire, la direction de Case passa du conservatisme au modernisme débridé. Malgré tout, la firme arriva aux années 1960 en bon état, après avoir absorbé l'American Tractor Corporation en 1957, qui l'installait solidement dans le domaine des travaux publics et des tracteurs à chenilles. En 1970, des problèmes de liquidité amenèrent pourtant Case à vendre au gigantesque conglomérat Tenneco, de Houston, au Texas.

Nombre de tracteurs technologiquement très avancés sortirent des usines Case. Pour assurer sa position en Europe, Case racheta la marque anglaise David Brown en 1972. Pendant ce temps, la féroce concurrence internationale dans l'industrie du tracteur agricole causait de graves troubles financiers chez International Harvester, premier constructeur de tracteurs agricoles du monde jusqu'en 1963, date à laquelle John Deere lui ravit le titre. International Harvester répondit avec des produits entièrement nouveaux, notamment un tracteur articulé à quatre roues motrices dont la cabine était positionnée en arrière de l'articulation centrale. Malheureusement, International Harvester ne réinvestit pas suffisamment dans ses usines et dans la recherche, afin de satisfaire ses actionnaires qui, malgré cela, furent mécontents quand les dividendes chutèrent, et bousculèrent la direction. C'est à ce moment-là que le syndicat United Auto Workers lança un mouvement de grève pour la réévaluation des salaires qui dura six mois et dont IHC ne se remit pas. En 1985, Tenneco rachetait la division “tracteurs et machines agricoles” d'IHC et la fusionnait avec Case.

Fordson Dexta Diesel, 1961

Construit en Grande-Bretagne, le Dexta était équipé d'un trois-cylindres Diesel Perkins de 2 359 cm³ qui le classait dans la catégorie des 30 ch. Le Super Dexta de 1962, importé aux États-Unis et vendu sous le nom de Ford 2000 Diesel, recevait un moteur de 2 490 cm³. Propriétaire, Dean Simmons.

Ford 5000 Diesel, 1962

Le Ford 5000 était en réalité un Fordson Super Major anglais repeint en blanc et bleu avec des autocollants différents pour être vendu en Amérique du Nord. Comme le Super Major, il recevait un quatre-cylindres Ford de 3 604 cm³. Propriétaire, Fred Bissen.

Cette fusion plaçait Case-IH dans une position de force pour quelques années, et lui permit de prendre le contrôle de la firme Steiger, qui commençait à montrer des signes de faiblesse.
À la même époque, en 1986, Ford avait acquis New Holland, et la division "tracteurs agricoles» de Ford avait été rebaptisée "Ford-New Holland". Elle-même s'était rendue acquéreur de la firme canadienne Versatile. En 1994, Fiatagri entamait un processus de rachat de Ford-New Holland qui arriva à son terme en 1995. Depuis 1997, la gamme de tracteurs s'est vendue sous la marque de New Holland. Après quatre-vingts années de tracteurs, le nom de Ford disparaissait de la scène.
La nouvelle entité CNH Global NV est possédée à 71 % par le groupe italien Fiat. Le gouvernement américain a toutefois imposé quelques restrictions avant d'entériner le rachat, Case devait abandonner ses avoirs dans Hay & Forage Industries, qu'il détenait en association avec AGCO. De son côté, New Holland devait vendre son usine de Winnipeg, dans le Manitoba (Canada), et ses marques de tracteurs Versatile et Genesis, mais pouvait conserver le tracteur TV-140 bidirectionnel, si elle délocalisait sa production.

Ford 6000, 1967
Produit de 1961 à 1967, le 6000 recevait une transmission Select-O-Speed à dix vitesses. Les premiers modèles, peints en rouge, rencontrèrent des problèmes de transmission et furent rappelés. Lorsqu'ils furent retournés, ils étaient repeints dans cette nouvelle livrée bleu et blanc. Le 6000 pesait 4 500 kg et développait 60 ch.

Ford 8000, 1972
Le 8000 était un tracteur de 105 ch équipé d'un six-cylindres Diesel de 6 568 cm³. Son poids en ordre de marche atteignait 6 750 kg. Propriétaire, Floyd Dominique.

Ford 7000, 1972
Ce Ford 7000 de 85 ch recevait un quatre-cylindres Diesel de 4 193 cm³ avec turbocompresseur. Propriétaire, Frank Bissen.

Massey-Ferguson 1135, 1976

Ci-dessus : Le 1135 était équipé d'un moteur Diesel Perkins turbocompressé de 5 799 cm³ de 120 ch. C'était un deux roues motrices, mais les pneus avant montés à l'envers évitaient les dérapages du train avant sur sol glissant. Propriétaire, Rick Hollicky.

Ford 7840 Powerstar SL, 1992

Ci-dessus à droite : L'un des nouveaux tracteurs de la gamme Powerstar de 1992, le 7840 recevait un moteur Genesis de 6 568 cm³ de 401 ch.

Massey-Ferguson 3655, 1990

Un Massey-Ferguson 3655 au travail avec une moissonneuse-batteuse New Holland moissonnant un champ de froment.

Massey-Ferguson 8160, 1990

John Deere et Caterpillar : la grande ligne droite

John Deere et Caterpillar ont, eux, passé ces années sans accrocs ; ils n'ont racheté personne ni été rachetés par personne. Les deux marques ont une gestion exemplaire et des produits de grande qualité depuis leurs débuts.

Toutes deux basées dans l'Illinois, elles ont même affiché une affinité réciproque au fil des ans. En 1928, alors que John Deere mettait au point une moissonneuse-batteuse, Caterpillar proposa de vendre à John Deere sa division "Western Harvester" et sa gamme de moissonneuses-batteuses. Mais le 1,25 million de dollars demandé dépassait largement ce que John Deere était en mesure de payer après avoir financé le développement de sa propre moissonneuse.

Sept ans plus tard, Caterpillar approcha à nouveau John Deere avec une nouvelle proposition. Les concessionnaires Caterpillar souffraient de la concurrence d'Allis-Chalmers et d'International Harvester, car ils ne pouvaient proposer que des tracteurs à chenilles. Caterpillar proposait une association des concessionnaires des deux marques qui vendraient à la fois des tracteurs à roues et des tracteurs à chenilles. Pour mieux séduire son partenaire, Caterpillar proposait de "donner" sa gamme de moissonneuses-batteuses à John Deere. John Deere accepta l'offre et "accessoirement" obtint également l'accès aux concessions étrangères de Caterpillar. L'arrangement persista jusqu'aux années 1960 mais perdit de son intérêt quand John Deere commença à commercialiser ses propres engins chenillés.

Bien que Caterpillar se soit impliqué de plus en plus dans les travaux publics au fil des ans, il n'oublia jamais ses origines agricoles. Des versions agricoles de ses petits et moyens bulldozers ont été développées. Puis, en 1987, les Challenger avec chenilles en caoutchouc firent sensation en combinant les avantages des tracteurs à roues et des tracteurs à chenilles avec une bonne vitesse de déplacement sur routes et une excellente flottaison en terrain meuble. John Deere et Caterpillar semblent tous deux prêts à affronter le nouveau siècle et à continuer leurs longues lignées.

John Deere 3010, 1960

Le 3010 était équipé d'un quatre-cylindres de 4 161 cm³. Celui-ci est une version "essence", mais il existait des options Diesel et GPL.

John Deere 2640, 1980

Le 2640, construit à Dubuque, était un tracteur à moteur quatre-cylindres de 70 ch.

John Deere 8300T, 1999

Annoncée dès 1996, la production des modèles de la série des 8000T à chenilles caoutchouc débuta en juin 1997. Pour la première fois depuis 1960, il était à nouveau possible d'acheter un même tracteur en version à roues ou à chenilles. Cette fois, pourtant, les chenilles étaient constituées de caoutchouc et pas de pavés métalliques.

John Deere 6900, 1996

Ce John Deere 6900 tire une presse Claas Quadrant 1150 et un traîneau.

John Deere 6400, 1996

Le 6400 était le haut de gamme des John Deere à moteurs quatre-cylindres. Son Diesel de 4 521 cm^3 développait 100 ch.

Caterpillar Challenger

Caterpillar Inc., de Peoria, dans l'Illinois

Le premier tracteur agricole de série à combiner la vitesse et l'agilité d'un tracteur à roues et la flottaison et la motricité d'un tracteur à chenilles fut le Caterpillar Challenger modèle 65 présenté en 1987. De ce modèle isolé, le Challenger à chenilles caoutchouc fut décliné dans de nombreuses variantes couvrant toute une gamme de puissances et comprenant trois tailles de modèles row-crop à largeur de voie réglable. En 1999, les Challenger conventionnels (non row-crop) abordaient leur cinquième génération depuis le modèle originel, le 65. On y trouvait le 65 E de 310 ch, le 75 E de 340 ch, le 85 E de 370 ch et le 95 E de 410 ch. La transmission entièrement automatisée offrait dix vitesses avant et deux marches arrière.

Les versions "row-crop" comprenaient le 35 de 175 ch, le 45 de 200 ch et le 55 de 225 ch. La transmission des row-crop offrait seize vitesses avant avec une marche arrière par inversion sur neuf des rapports. Tous les Challengers avaient une direction hydrostatique par différentiel commandée par un volant. Tous étaient dotés d'équipements électroniques à la pointe du progrès.

En 2000, Case-IH et John Deere avaient également abordé le marché des chenilles caoutchouc, et l'Allemand Claas KgaA commençait à commercialiser les Challenger de Caterpillar en Europe. Les outils, comme les pulvérisateurs et même les moissonneuses-batteuses, sont désormais offerts sur trains chenillés. On peut s'attendre à voir bientôt apparaître de petits et plus gros tracteurs faisant usage de cette nouvelle technologie.

Caterpillar Challenger 45, 1996

La version "row-crop" du Challenger à chenilles caoutchouc développait 200 ch et avait une transmission à seize vitesses. Propriétaire, John Yotter.

Caterpillar Challenger 65B, 1992

Propulsé par le moteur turbocompressé Caterpillar 3306 de 285 ch, le 65B avait une transmission à dix vitesses et une direction hydrostatique. Il est attelé à un cultivateur DMI de 13,40 m avec lequel il peut couvrir 12 hectares à l'heure. Il est également équipé d'un réservoir pour les produits chimiques de 1 650 litres. Scott, le fils du propriétaire, Rick Hollicky, est étudiant en agronomie à l'université de l'Illinois. Il dit que le Challenger est facile à conduire, reste en ligne sur les coteaux et s'avère confortable pour de longues journées et de longues nuits dans les champs. Ils ont procédé à quelques réparations sur la machine. Quand l'alternateur les a lâchés, un samedi soir à onze heures et demie, leur concessionnaire, Ziegler, de Minneapolis, leur ouvrit la boutique le dimanche à une heure et demie du matin, leur fournit un nouvel alternateur pour que le Challenger puisse reprendre le travail au lever du jour.

Index

Au sujet des auteurs

Robert N. Pripps est né en 1932 dans une petite ferme du Wisconsin. En plus du travail de la ferme, son père se livrait à des travaux d'entretien des routes avec un tracteur à chenilles JT et une niveleuse Russell. La grande dépression mit un terme aux activités fermières et aux travaux publics et le père de Robert partit travailler comme *ranger* au service de Protection de la forêt du Wisconsin, un poste qu'il occupa pendant les trente-cinq années suivantes. La vie au poste des *rangers* permettait à Robert d'être en contact avec les camions et les tracteurs. Sa première expérience de conducteur intervint à l'âge de neuf ans lorsqu'il traça une allée coupe-feu avec un tracteur à chenilles Allis-Chalmers. Pendant toute la durée de la guerre, tous les étés, Robert travaillait à droite et à gauche dans les fermes de la région, ce qui lui donna l'occasion de conduire le Farmall H tout neuf d'un voisin lorsqu'il avait onze ans.

Sa curiosité pour la mécanique faillit lui coûter la vie à l'âge de douze ans. Sa mitaine fut aspirée par la prise de force d'une niveleuse Gallion. Il eut juste le temps de retirer sa main avant d'être broyé par la machine, mais il y laissa son pouce droit.

À l'âge de quatorze ans, un autre bouleversement arriva dans sa vie. Le père de son meilleur ami acheta le premier Ford-Ferguson de la région. L'envie n'est pas un sentiment très reluisant, mais c'est ce que ressentit Robert au plus profond de son cœur. Et elle ne fut jugulée que lorsqu'il acheta son propre 2N, à l'âge de cinquante ans.

Robert s'inscrivit au lycée d'Eagle River, dans le Wisconsin, et passa sa licence de pilote en même temps que son bac, en 1950. Son pouce manquant l'empêcha de faire son service militaire, il en profita pour étudier l'ingénierie à l'école de l'air Parks et passa son brevet de pilote commercial avec qualification "multimoteur". Pour subvenir à ses besoins, Robert travaillait de nuit chez McDonnell à Saint-Louis. Un mariage et la paternité mirent rapidement le travail au premier plan et les études au second. Robert devint ingénieur des essais en vol du chasseur RF-101 Voodoo en même temps qu'il continuait ses études par correspondance la nuit. Ses emplois successifs d'ingénieur d'essais l'amenèrent à travailler sur les bases de lancement des missiles Atlas pour General Dynamics et sur des lanceurs de réacteurs et des essais à vitesse constante pour la *Sunstrand* Corporation. Après dix-sept ans d'études à temps partiel, Robert obtint son diplôme en Sciences du marketing en 1969. Il était déjà titulaire d'un certificat en Ingénierie aéronautique. Il devint le directeur du marketing de *Sundstrand* au bureau de Dayton, dans l'Ohio, et prit sa retraite à cinquante-cinq ans.

Au cours de sa vie, il avait reçu en héritage une part de la ferme où il était né : une dizaine d'hectares de forêt d'érables. C'est là que le Ford-Ferguson trouva sa justification pour la récolte de la sève nécessaire à la fabrication du sirop d'érable. Il ajouta plus tard un John Deere modèle B de 1948, un John Deere 440C et un Massey-Ferguson 85 de 1962 à son cheptel. Une fois à la retraite, Robert écrivit un livre sur son tracteur favori, le Ford. Illustré par le grand photographe automobile anglais, Andrew Morland, l'ouvrage fut publié en 1990. Depuis ils ont écrit ensemble onze ouvrages sur les tracteurs anciens, auxquels s'ajoutent cinq autres titres de Robert seul.

Robert et sa femme Janice vivent aujourd'hui dans le Nord-Wisconsin, presque à portée de vue de la ferme familiale. À côté du travail d'écriture, Robert et l'un de ses trois fils, produisent chaque printemps plus de cinq cents litres de sirop d'érable.

Andrew Morland a été éduqué en Angleterre. Il a fait un an d'études à l'école des beaux-arts de Taunton, dans le Somerset, et trois années à l'école de l'imprimerie de Londres où il a étudié la photographie. Depuis son diplôme, il a travaillé comme photojournaliste indépendant, voyageant dans toute l'Europe et l'Amérique du Nord. Son travail a été publié dans de nombreux livres et magazines. Parmi ses ouvrages figurent *Tracteurs anciens du monde*, *Les Tracteurs Ford d'époque* et *Le Grand Livre des Caterpillar*, tous publiés chez Voyageur Presse. Ses centres d'intérêts sont les tracteurs, la mécanique, les motos et les voitures anciennes. Il vit dans une maison au toit de chaume qui date de 1680, dans le Somerset, en Grande-Bretagne. Il est marié et a une fille.